JN409563

NCS 기반

Body treatment theory & practice

전신 피부미용 이론 및 실습

고혜정 · 김선희 · 김윤정 · 오혜영
홍란희 · 홍양희 · 홍재기 공저

머리말

피부미용 교육의 발전과정에서 전신 피부미용은 바디트리트먼트, 바디워크, 체형관리 등 다양한 용어로 사용되어 왔으며 국가직무능력표준(national competency standards, NCS)에 의하면 전신미용과 관련된 능력단위로 몸매분석, 몸매각질관리, 몸매상체전면관리, 몸매상체후면관리, 몸매하체관리, 몸매 팩 · 마스크 등이 포함되어 있다.

이에 본 교재는 NCS 기반으로 얼굴관리의 기초 피부미용이론 및 실습과정을 거쳐 그 다음 전신관리 단계로 들어서는 피부미용전공 학생들의 단계적 실습 교재로서의 역할을 하도록 구성되었 있다.

선신피부미용의 개념, 전신 해부생리학적 집근, 전신 미용관리의 이론과 실제, 진신 매뉴얼 테크닉 실습 총 4장으로 구성되어 있으며 첫 장에서는 전신피부미용의 효과와 다양한 영역, 방법론들에 대하여 폭넓은 시각으로 접근함으로써 전신관리의 중요성에 대하여 강조하고자 하였으며 제 2장은 해부생리학적 접근을 통해서는 전신관리에 필수적인 해부생리학적 지식을 간추려서 전달함으로써 실무에 근거가 되는 이론의 응용력을 갖추는데 도움을 주고자 하였다. 제 3장에서는 전신 미용관리 실무의 단계와 과정에 대한 분석을 통한 접근으로 세부적으로 설명함으로 제 4장의 실무 테크닉의 이해를 돕기 위한 자료를 제공하고자 하였다.

피부미용영역에서의 전인적 관리에 대한 관심과 수요의 증가는 실제 전신미용관리에 대한 수요를 증가시키고 있으며 이에 대한 체계적인 교육과 훈련이 필요하다고 여겨진다.

이에 본 저자 일동은 본 교재가 이러한 피부미용 현장을 이해하고 피부미용사로서 직무에 충실하고자 하는 학생들에게 도움이 되길를 진심으로 희망한다.

끝으로 이 책을 출간하는데 도움을 주신 가담 출판사 사장님과 임직원 여러분에게 심심한 감사를 표한다

2017.08.

저자 일동

Contents

제1장 전신피부미용의 개념

제2장 전신의 해부생리학적 접근

제3장 전신 미용관리의 이론과 실제

제4장 전신 매뉴얼 테크닉

제1장

전신피부미용의 개념

제1장
전신피부미용의 개념

01. 전신피부미용의 개념

전신피부미용은 피부미용의 내용별 범주의 하나로 국가직무능력표준(national competency standards, NCS) 세분류 피부미용의 하부 능력단위와 능력단위요소로 구성되어 있다.

NCS 피부미용의 직무 정의

피부미용은 고객의 상담과 피부분석을 통하여 안정감있고 위생적인 환경에서 얼굴과 몸매의 피부를 피부미용기기와 화장품 등을 이용하여 서비스를 제공하고 피부미용에 대한 업무수행을 기획, 관리하는 일이다.
전신피부미용은 바디트리트먼트(body treatment), 바디워크(body work), 체형관리 등 다양한 용어로 사용되어 왔으며 NCS체계에서는 몸매 관리로 정의되고 있으며 다양한 피부미용 방법론을 통하여 전신피부관리를 통하여 아름답고 건강한 몸을 만들고 이를 통한 노화방지를 목적으로 한다.
피부미용사는 전신의 피부 및 체형을 아름답게 유지하는데 필요한 전문적 이론지식과 실기 능력을 갖추고 효과적인 바디 트리트먼트 프로그램을 실시할 수 있어야 한다.
이를 위해서 필요한 능력은 몸매를 분석하고 결과에 따라서 전신을 클렌징, 딥클렌징 몸매각질관리을 한 후 부위별 영양물질 도포, 매뉴얼 테크닉 몸매상체전면관리, 몸매상체후면관리 몸매하체관리을 실시하고 팩 · 마스크 몸매 팩 · 마스크를 적용할 수 있어야 한다
전신피부미용에 필요한 능력(능력단위)은 다음과 같다.

- 1201010215_16v3 몸매분석
- 1201010216_16v3 몸매각질관리
- 1201010217_16v3 몸매상체전면관리
- 1201010218_16v3 몸매상체후면관리
- 1201010219_16v3 몸매하체관리
- 1201010220_16v3 몸매 팩 · 마스크

[참고1] 피부미용의 능력단위와 능력단위요소

분류번호	능력단위	수준	능력단위요소
1201010201_16v2	피부미용 고객상담	5	방문동기파악하기
			고객관리차트 작성하기
			고객응대하기
			고객정보처리하기
1201010202_16v2	피부미용 피부분석	3	클렌징하기
			피부상태 분석평가하기
			피부관리계획 작성하기
1201010212_16v3	얼굴각질관리	2	얼굴클렌징하기
			눈썹정리하기
			얼굴 딥클렌징하기
1201010213_16v3	얼굴매뉴얼테크닉	3	매뉴얼테크닉하기
			영양물질도포하기
1201010214_16v3	얼굴 팩・마스크	2	얼굴 팩・마스크하기
			얼굴관리 마무리하기
1201010215_16v3	몸매분석	3	몸매파악하기
			몸매분석표 작성하기
1201010216_16v3	몸매각질관리	3	몸매 클렌징하기
			몸매 딥클렌징하기
1201010217_16v3	몸매상체전면관리	3	복부관리하기
			가슴관리하기
1201010218_16v3	몸매상체후면관리	3	신체후면관리하기
			손・팔관리하기
1201010219_16v3	몸매하체관리	3	발・다리관리하기
			둔부관리하기
1201010220_16v3	몸매 팩・마스크	2	몸매 팩・마스크하기
			몸매관리 마무리하기
1201010221_16v3	제모	5	얼굴제모하기
			전신제모하기
1201010222_16v3	눈썹미용관리	5	눈썹염색하기
			눈썹연장하기

분류번호	능력단위	수준	능력단위요소
1201010223_16v3	아로마테라피	5	아로마선택하기
			아로마블랜딩하기
			아로마테크닉하기
1201010224_16v3	한국형 특수관리	5	체형분석하기
			피부유형 파악하기
			한국형 테크닉하기
1201010225_16v3	스톤테라피	5	스톤소독하기
			스톤선택하기
			스톤테크닉하기
1201010226_16v3	뱀부(대나무)테라피	5	뱀부(대나무) 소독하기
			뱀부(대나무) 선택하기
			뱀부(대나무) 테크닉하기
1201010227_16v3	림프관리	3	세정작용하기
			순환작용하기
			림프관리 마무리하기
1201010206_16v3	피부미용 고객마무리관리	2	관리 후 상담하기
			고객유지관리하기
			홈케어 조언하기
1201010228_16v3	직류를 이용한 피부미용기기 활용	4	직류기기 이용 얼굴 세정하기
			직류기기 이용 얼굴영양물질침투하기
1201010229_16v3	교류를 이용한 피부미용기기 활용	4	교류기기 이용 얼굴관리하기
			교류기기 이용 몸매관리하기
1201010230_16v3	음파를 이용한 피부미용기기 활용	4	음파기기 이용 얼굴관리하기
			음파기기 이용 몸매관리하기
1201010231_16v3	피부미용 필수기구 활용	2	압력을 이용한 피부미용기구 사용하기
			열을 이용한 피부미용기구 사용하기
			물리적인 힘을 이용한 피부미용기구 사용하기
1201010232_16v3	피부미용 응용기구 활용	4	색채·빛·온도를 이용한 피부미용기구 사용하기
			물을 이용한 피부미용기구 사용하기

분류번호	능력단위	수준	능력단위요소
1201010233_16v3	피부미용 기초화장품사용	2	화장품 분류하기
			기초화장품 사용하기
			기능성화장품 사용하기
			몸매화장품 사용하기
			두피화장품 사용하기
1201010234_16v3	피부미용 향・색조화장품사용	2	색조화장품 사용하기
			방향성 화장품 사용하기
1201010210_16v2	피부미용 위생관리	2	피부미용 작업장 위생관리하기
			피부미용 비품 위생관리하기
			직원위생관리하기
1201010211_16v2	피부미용 샵 경영관리	6	샵마케팅 기획하기
			프로그램 개발하기
			정보수집관리하기
			직원관리하기
1201010235_16v1	두피분석	5	고객상담하기
			고객차트 작성하기
			두피분석하기
1201010236_16v1	두피 모공관리	5	클렌징하기
			각질제거하기
1201010237_16v1	두피 모낭관리	5	영양물질 침투하기
			두피기구 관리하기
1201010238_16v1	두피 모근관리	5	매뉴얼테크닉하기
			두피 영양팩하기

[참고3] 전신관리의 능력단위, 능력요소, 수행준거

분류번호 : 1201010215_16v3

능력단위 명칭 : 몸매분석

능력단위 정의 : 문진 · 견진 · 촉진을 통해 몸매를 파악한 후 분석표를 작성하여 프로그램을 준비하는 능력이다.

능력단위요소	수행준거
1201010215_16v3.1 몸매파악하기	1.1 고객의 현재 몸매상태를 육안으로 파악할 수 있다. 1.2 문진, 견진, 촉진을 통해 선천적 몸매와 잘못된 습관에 의해 만들어진 몸매를 구분할 수 있다. 1.3 몸매 문제점을 파악하고 체형의 특징을 분류할 수 있다. 1.4 몸매관리 목적에 맞는 기기와 기구 및 제품을 선택할 수 있다.
	【지 식】 • 근골격계 · 해부생리 • 몸매진단 방법 • 체형의 유형과 특징 • 피부관리 이론 • 피부미용기기 종류와 특징
	【기 술】 • 신체구조 및 장단점을 파악하는 능력 • 부위별 체형에 대한 분류 능력
	【태 도】 • 고객의 심리적 안정감을 주려는 태도 • 위생적으로 고객을 배려하려는 태도
1201010215_16v3.2 몸매분석표 작성하기	2.1 문제된 체형을 파악한 후 분석표를 작성할 수 있다. 2.2 몸매부위의 사이즈를 잰 후 분석표를 작성할 수 있다. 2.3 분석표 결과에 따라 평가하고 체형별로 구분할 수 있다. 2.4 몸매분석표를 작성 후 관리 프로그램을 계획할 수 있다.
	【지 식】 • 분석표 작성방법 • 인체구조와 생리 • 관리프로그램 작성기법
	【기 술】 • 몸매관리 계획 수립 능력 • 분석결과에 따른 체형구분 능력
	【태 도】 • 위생적으로 고객을 배려하려는 태도 • 고객의 반응을 살피려는 객관적 태도

분류번호 : 1201010216_16v3

능력단위 명칭 : 몸매각질관리

능력단위 정의 : 몸매 신체 각 부위의 땀이나 먼지를 닦아내고 딥클렌징을 함으로써 묵은 각질과 모공 속에 남아 있는 노폐물을 제거하는 능력이다.

능력단위요소	수행준거
1201010216_16v3.1 몸매 클렌징하기	1.1 몸매부위별 피부유형에 따라 클렌징 방법과 제품을 선택할 수 있다. 1.2 몸매피부유형에 맞는 제품과 테크닉으로 클렌징 할 수 있다. 1.3 온습포 또는 경우에 따라 냉습포로 닦아내고 토닉으로 정리할 수 있다.
	【지 식】 ● 기초화장품 종류 및 성분 ● 몸매 피부미용 관리 방법 ● 공중위생과 소독 방법 ● 몸매 피부유형의 특징과 관리방법
	【기 술】 ● 클렌징 테크닉 능력 ● 위생관리 능력 ● 습포사용 능력
	【태 도】 ● 고객이 편안히 이완할 수 있도록 배려하려는 태도 ● 위생적으로 고객을 배려하려는 태도 ● 고객의 반응을 살피려는 객관적 태도
1201010216_16v3.2 몸매 딥클렌징하기	2.1 몸매 피부 유형별 딥클렌징 제품을 선택할 수 있다 2.2 딥클렌징 제품의 특성에 따라 몸매 피부 유형에 맞게 적용하여 사용할 수 있다. 2.3 몸매 딥클렌징에 적정한 피부미용기기를 활용할 수 있다.
	【지 식】 ● 딥클렌징 제품과 피부미용기기 사용법 ● 공중위생과 소독 방법 ● 피부의 구조와 생리 ● 기초화장품 종류 및 성분
	【기 술】 ● 몸매 피부유형에 따른 딥클렌징 제품 선택 능력 ● 물리적・화학적방법 적용 능력 ● 피부미용기기 활용 능력
	【태 도】 ● 고객이 편안히 이완할 수 있도록 배려하려는 태도 ● 위생적으로 고객을 배려하려는 적극적 태도 ● 고객의 반응을 살피려는 객관적 태도

분류번호 : 1201010217_16v3

능력단위 명칭 : 몸매상체전면관리

능력단위 정의 : 수분과 유분의 보습효과를 높이고 매뉴얼테크닉을 활용하여 복부관리와 가슴관리를 함으로써 탄력을 유지시키고 노화를 지연시키기 위한 능력이다.

능력단위요소	수행준거
1201010217_16v3.1 복부관리하기	1.1 고객의 복부상태에 따른 금기사항을 파악할 수 있다. 1.2 복부 피부유형에 맞는 제품을 선택할 수 있다. 1.3 복부의 상태를 파악하고 목적에 맞는 복부 매뉴얼테크닉을 적용할 수 있다. 1.4 시간, 속도, 리듬, 밀착, 세기를 고려하여 복부 매뉴얼테크닉을 구사할 수 있다.
	【지 식】 • 피부의 구조와 생리 • 공중위생과 소독 방법 • 기초화장품 종류 및 성분 • 매뉴얼 테크닉 기법 • 근골격계 · 해부생리 • 피부관리 이론 • 피부미용기기 사용법
	【기 술】 • 쓸어서 펴바르기 능력 • 어루만져 펴바르기 능력 • 떨며 펴바르기 능력 • 밀착하여 펴바르기 능력 • 토닥토닥 펴바르기 능력
	【태 도】 • 고객을 편안하고 안정적으로 배려하는 태도 • 신체부위 노출을 삼가려는 배려심 있는 태도
1201010217_16v3.2 가슴관리하기	2.1 고객의 가슴피부를 파악하여 금기해야 할 관리와 유두부위를 피할 수 있다. 2.2 가슴 피부유형에 맞는 세품을 선택할 수 있다. 2.3 가슴의 형태를 파악하고 목적에 맞는 매뉴얼 테크닉을 적용할 수 있다. 2.4 시간, 속도, 리듬, 밀착, 세기를 고려하여 가슴 매뉴얼테크닉을 구사할 수 있다.
	【지 식】 • 피부 구조와 생리 • 공중위생과 소독 방법 • 기초화장품 종류 및 성분 • 매뉴얼 테크닉 기법 • 근골격계 · 해부생리 • 피부관리 이론 • 피부미용기기 사용법
1201010217_16v3.2 가슴관리하기	【기 술】 • 쓸어서 펴바르기 능력 • 어루만져 펴바르기 능력 • 떨며 펴바르기 능력 • 밀착하여 펴바르기 능력 • 토닥토닥 펴바르기 능력
	【태 도】 • 고객을 편안하고 안정적으로 배려하는 태도 • 신체부위 노출을 삼가려는 배려심 있는 태도

분류번호 : 1201010218_16v3

능력단위 명칭 : 몸매상체후면관리

능력단위 정의 : 수분과 유분의 보습효과를 높이고 매뉴얼테크닉을 활용하여 배후면과 손, 팔관리를 함으로써 신진대사를 촉진시키고 뭉쳐진 근육을 이완시키는 능력이다.

능력단위요소	수행준거
1201010218_16v3.1 신체후면관리하기	1.1 배후면의 피부유형에 맞는 제품을 선택할 수 있다. 1.2 배후면의 상태를 파악하고 목적에 맞는 매뉴얼테크닉을 적용할 수 있다. 1.3 시간, 속도, 리듬, 밀착, 세기를 고려하여 신체후면 매뉴얼 테크닉을 구사할 수 있다.
	【지 식】 • 피부 구조와 생리 • 공중위생과 소독 방법 • 기초화장품 종류 및 성분 • 매뉴얼 테크닉 기법 • 근골격계 · 해부생리 • 피부관리 이론 • 피부미용기기 사용법
	【기 술】 • 쓸어서 펴바르기 능력 • 어루만져 펴바르기 능력 • 떨며 펴바르기 능력 • 밀착하여 펴바르기 능력 • 토닥토닥 펴바르기 능력
	【태 도】 • 고객을 편안하고 안정적으로 배려하는 태도 • 신체부위 노출을 삼가려는 배려심 있는 태도
1201010218_16v3.2 손 · 팔관리하기	2.1 손, 팔 피부유형에 맞는 제품을 선택할 수 있다. 2.2 손, 팔의 상태를 파악하고 목적에 맞는 매뉴얼 테크닉을 구사할 수 있다. 2.3 시간, 속도, 리듬, 밀착, 세기를 고려하여 손, 팔 매뉴얼테크닉을 구사할 수 있다. 2.4 손끝에서 어깨견갑골까지 매뉴얼 테크닉을 적용 할 수 있다.
	【지 식】 • 피부 구조와 생리 • 공중위생과 소독 방법 • 기초화장품 종류 및 성분 • 매뉴얼 테크닉 기법 • 근골격계 · 해부생리 • 피부관리 이론 • 피부미용기기 사용법
	【기 술】 • 쓸어서 펴바르기 능력 • 어루만져 펴바르기 능력 • 떨며 펴바르기 능력 • 밀착하여 펴바르기 능력 • 토닥토닥 펴바르기 능력
	【태 도】 • 고객을 편안하고 안정적으로 배려하는 태도 • 신체부위 노출을 삼가려는 배려심 있는 태도

분류번호 : 1201010219_16v3

능력단위 명칭 : 몸매하체관리

능력단위 정의 : 매뉴얼테크닉을 활용하여 피로에 쌓인 발, 다리관리를 통해 하체의 순환과 보습효과를 주고 둔부관리를 통하여 처진 근육과 피로를 풀어주는 능력이다.

능력단위요소	수행준거
1201010219_16v3.1 발 · 다리관리하기	1.1 고객의 발, 다리 피부를 파악하여 금기해야할 관리를 피할 수 있다. 1.2 발과 다리 피부유형에 맞는 제품을 선택할 수 있다. 1.3 발과 다리의 상태를 파악하고 목적에 맞는 매뉴얼 테크닉을 적용할 수 있다. 1.4 시간, 속도, 리듬, 밀착, 세기를 고려하여 발,다리 매뉴얼테크닉을 구사할 수 있다. 1.5 발부터 둔부아래까지 매뉴얼 테크닉을 적용 할 수 있다.
1201010219_16v3.1 발 · 다리관리하기	【지 식】 • 피부 구조와 생리 • 공중위생과 소독 방법 • 기초화장품 종류 및 성분 • 매뉴얼 테크닉 기법 • 근골격계 · 해부생리 • 피부관리 이론 • 피부미용기기 사용법
	【기 술】 • 쓸어서 펴바르기 능력 • 어루만져 펴바르기 능력 • 떨며 펴바르기 능력 • 밀착하여 펴바르기 능력 • 토닥토닥 펴바르기 능력
	【태 도】 • 고객을 편안하고 안정적으로 배려하는 태도 • 신체부위 노출을 삼가려는 배려심 있는 태도 • 고객이 반응을 살피려는 객관적 태도
1201010219_16v3.2 둔부관리하기	2.1 둔부상태를 파악할 수 있다. 2.2 둔부상태와 피부유형에 맞는 제품을 선택할 수 있다. 2.3 둔부관리 목적에 맞는 매뉴얼테크닉을 적용할 수 있다. 2.4 시간, 속도, 리듬, 밀착, 세기를 고려하여 둔부 매뉴얼 테크닉을 구사할 수 있다.
	【지 식】 • 피부 구조와 생리 • 공중위생과 소독 방법 • 기초화장품 종류 및 성분 • 매뉴얼 테크닉 기법 • 근골격계 · 해부생리 • 피부관리 이론 • 피부미용기기 사용법
	【기 술】 • 쓸어서 펴바르기 능력 • 어루만져 펴바르기 능력 • 떨며 펴바르기 능력 • 밀착하여 펴바르기 능력 • 토닥토닥 펴바르기 능력
	【태 도】 • 고객을 편안하고 안정적으로 배려하는 태도 • 신체부위 노출을 삼가려는 배려심 있는 태도

분류번호 : 1201010220_16v3

능력단위 명칭 : 몸매 팩·마스크

능력단위 정의 : 몸매 신체 각 부위의 피부에 적합한 팩과 마스크를 통하여 외부 공기를 차단시켜 노폐물을 제거하고 영양물질을 흡수시켜 주어 청결하고 위생적으로 마무리를 하는 능력이다.

능력단위요소	수행준거
1201010220_16v3.1 몸매 팩·마스크하기	1.1 몸매 피부유형에 따른 팩과 마스크 종류를 선택할 수 있다. 1.2 제품성질에 맞게 팩과 마스크를 사용할 수 있다. 1.3 관리 후 팩과 마스크를 안전하게 제거할 수 있다.
	【지 식】 • 공중위생과 소독 방법 • 화장품 종류·성분 및 사용법 • 피부구조와 생리
	【기 술】 • 팩과 마스크 선택 및 사용능력 • 팩과 마스크 제거 능력
	【태 도】 • 고객을 편안하고 안정적으로 배려하는 태도 • 고객의 반응을 살피려는 객관적 태도
1201010220_16v3.2 몸매관리 마무리하기	2.1 몸매관리가 끝난 후 토닉으로 피부정리를 할 수 있다. 2.2 고객의 몸매 피부유형에 따른 기초화장품류를 선택할 수 있다. 2.3 해당 부위에 맞는 제품을 선택 후 특성에 따라 적용할 수 있다. 2.4 피부손질이 끝난 후 몸매를 가볍게 이완할 수 있다.
	【지 식】 • 보습, 화장품 종류·성분 및 사용법 • 피부유형 별 관리방법 • 피부구조와 생리
	【기 술】 • 제품 바르는 능력 • 근육이완 능력 • 습포 사용 능력
	【태 도】 • 고객의 선호도에 따른 화장품의 사용량을 조절하려는 태도 • 잔여물이 남지 않도록 노력하려는 적극적 태도

1. 전신피부미용의 필요성

1) 노화방지와 미에 대한 추구

얼굴피부와 마찬가지로 전신피부도 내 · 외적 손상 요인에 의해 영향을 받으며, 지속적으로 노화되고 있다. 또한 여성 특유의 지방조직 발달로 체형의 균형이 깨어지기 쉽다. 점점 건강한 전신미용에 대한 관심이 높아지면서 셀룰라이트, 튼살, 탄력저하도 안면의 여드름이나 기미 등과 마찬가지로 피부상의 미적 결점으로 다루어지고 있는 추세이다. 적절한 관리 없이는 전신 역시 아름다움을 상실하게 되기 쉽기 때문이다.

2) 건강한 아름다움에 대한 추구로 전신미용 수요 증가

피부미용의 영역이 "아름다움을 위한 건강으로의 접근"이라는 주제하에 신체의 시스템을 균형 잡힌 상태로 되돌리는 것이 건강을 통한 아름다움을 이루는 길이라는 생각이 보편화되고 있다. 이는 우리의 신체가 내적으로 건강할 때, 모발과 피부는 윤기가 나고 미용상의 상태(esthetic condition)를 바로잡고자 할 때, 내적인 원인을 밝혀서 문제의 근원을 결정할 수 있다는 것이다. 에스테틱적인 방법론에 있어서도, 인체의 균형을 회복하기 위해 여러 가지 테라피적인 관리기법들이 전신 미용관리 영역에서 이루어지고 있다. 전신을 손이나 도구를 이용하여 만져주거나 운동을 가함으로써 건강을 증진시키고 미적인 증상을 완화시키기 위해 다양한 바디워크 프로그램과의 접목도 시도되고 있다. 스웨디쉬 마사지, 미용림프 매뉴얼테크닉 , 아로마테라피, 반사요법, 미용경락 등 다양한 매뉴얼 테크닉을 활용하고 있으며 이에 대한 수요가 증가 하고 있다. 즉 에스테틱의 영역에서도 웰빙과 건강을 추구하는 현대인들의 요구를 반영 얼굴관리(face care)에서 전신관리(body care, body work)로 무게 중심이 옮겨지고 있다.

3) 홀리스틱 테라피에 대한 수요 증가

피부미용의 영역에서 고객의 욕구는 매우 다양해지고 있다. 고객은 자신의 지친 심신을 회복하거나 아름답게 유지하기를 바라고 있으며 이러한 요구는 피부미용 현장을 스파의 개념으로 확장시키고 있다. 내 · 외적인 아름다움의 추구, 스트레스와 노화의 원인이 되는 독소를 배출하는 관리에 대한 요구로 체중과 체형조정 등 정신적인, 심리적인 케어에 대한 수요의 증가는 실제 전신미용관리에 대한 수요를 증가시키고 있다.

2. 전신피부미용의 목적과 효과

전신피부에 대한 전문적인 지식과 실습능력을 통하여 몸매를 분석하고 그 결과에 따라서 관리를 계획하고, 실행함으로써 신체의 내적으로 건강한 항상성을 유지하게 하고, 외적으로는 아름다운 몸매를 가지게 하며, 정서적으로는 스트레스를 완화하거나 심리적 안정감 등의 효과를 얻을 수 있다.

- 전신피부상태의 개선 (셀룰라이트, 튼살, 색소)
- 바디 라인의 개선
- 전신 근육 톤의 개선 및 긴장완화
- 통증이 있는 근육의 이완
- 휴식과 스트레스 이완효과
- 일반적인 행복감의 향상과 신체의 활력회복
- 피로회복 및 면역증진
- 혈액순환 및 신진대사 촉진으로 인한 독소배출 및 영양 흡수
- 노화예방

02. 전신피부미용의 종류와 방법론

1. 전신피부미용의 종류

포괄적인 전신피부미용의 영역으로는 미적 관리로 탄력관리, 슬리밍 관리, 안티스트레스 관리, 안티 셀룰라이트관리, 튼살 관리 등이 있으며 피부미용적 방법론에서는 다양한 수기요법에서 테라피에 이르기까지 적용범위는 다양하다.

2. 전신피부미용의 방법론

피부미용적 방법론에서는 다양한 매뉴얼 테크닉의 사용, 전신미용기기의 사용, 화장품의 사용, 에너지를 활용한 관리 방법 등이 있다.

구분	내용
매뉴얼 테크닉 Manual	· 스웨디쉬 마사지(Swedish massage) · 시아추 마사지(Shiatsu massage) · 경락요법(Meridian) · 반사요법(Reflexology) · 림프드레니쥐(Lymphatic drainage) · 딥 티슈 마사지(Deep tissue massage)
미용기기 Machine	· 진공흡입기(Suction, Vaccum machine) · 전기요법(Electric frequency) · 광선요법(Light therapy) · 온열요법(Thermo therapy) · 적외선기(Infrared rays)
전신미용화장품 Cosmetic	· 바디 스크럽(Body scrub) · 바디 크림, 오일(Body cream and oil) · 바디 마스크(Body mask)
에너지테라피 Energy therapy	· 아로마테라피(Aroma therapy) · 스톤테라피(Stone therapy) · 스파라피(Spa therapy) · 컬러테라피(Color therapy) · 사운드테라피(Sound therapy) · 뮤직테라피(Music therapy) · 이어켄들(Ear candle) · 아유르베다(Ayurveda therapy) · 탈라소테라피(Thalaso therapy)

3. 전신피부미용 프로그램

(1) 고객 상담 및 체형 분석

(recommended form)

POSTERIOR VIEW	YES	NO	LATERAL VIEW	YES	NO	ANTERIOR VIEW	YES	NO
HEAD & NECK			HEAD & NECK			HEAD & NECK		
- Head tilt	□	□	- Forward head	□	□	- Lateral tilt	□	□
			- Protruding chin	□	□	- Mandibular asymmetry	□	□
SHOULDER			SHOULDER			SHOULDER		
- Uneven shoulder height	□	□	- Forward shoulder	□	□	- Dropped/elevated shoulder	□	□
- Uneven scapulae	□	□				- Uneven clavicles	□	□
						- Uneven ribs	□	□
TRUNK			THORACIC VERTEBRAE			ANKLE & FOOT		
- Scoliosis	□	□	- Kyphosis	□	□	- Hallus vagus (Bunion)	□	□
PELVIS & HIP			LUMBAR			- Hammer toes	□	□
- Lateral pelvic tilt (Uneven hips)	□	□	- Lordosis	□	□			
			- Sway Back	□	□			
			- Flat Back	□	□			
KNEE			PELVIS & HIP					
- Genu Varum (Bow legged)	□	□	- Anterior pelvic tilt	□	□			
- Genu Valgum (Knock-knee)	□	□	- Posterior pelvic tilt	□	□			
ANKLE & FOOT			KNEE					
- Pes Planus (Flat feet/fallen arches)	□	□	- Genu recurvatum (Knee bends backwards)	□	□			
- Pes Cavus (High arch)	□	□				(10NB14)		

[※ 시데스코(국제 피부미용사) 고객차트 발췌]

(2) 고객 카드작성 : 트리트먼트 프로그램 계획

(3) 사전 열관리(Pre-heat treatment) : 페이지 88 참조바람

(4) 트리트먼트 : 몸매 각질관리

몸매 신체 각 부위의 땀이나 먼지를 닦아내고 딥클렌징을 함으로써 묵은 각질과 모공 속에 남아있는 노폐물을 제거하는 기본과정으로 전신의 피부의 노폐물과 죽은 각질세포들을 제거하여 피부를 밝고 생기있도록 만들어주는 기본 과정이다. 보습제, 영양제 그리고 피부의 결과 피부기능을 향상시키기 위해 사용하는 모든 제품의 흡수를 촉진시켜주기 위한 준비단계이다.

(5) 트리트먼트 : 매뉴얼 테크닉, 미용기기 적용관리

고객의 피부상태를 파악하여 속도, 리듬, 밀착, 세기, 시간 등을 고려하여 다양한 매뉴얼 테크닉을 적용하여 관리하는 것이다. 일반적인 과정으로는 5가지 동작인 쓸어서 펴 바르기, 밀착하여 펴 바르기, 어루만져 펴 바르기, 토닥토닥 펴 바르기, 떨며 펴 바르기 등을 적용하여 진행한다.

전신의 부분관리 신체의 일부분에 대하여 관리하는 것이다. 일반적인 부분관리에는 등관리, 셀룰라이트 관리, 가슴 관리, 손과 팔관리, 다리 관리 등이 포함된다. 부분관리의 목적은 일반적으로 피부의 상태에 대한 관리와 신진대사를 향상시켜서 노폐물 배출과 영양공급을 포함한다. 부분관리는 전체관리와 같이 진행될 수도 있고 따로 진행되기도 한다.

[표1-1] 전신미용기기를 적용한 관리의 예

전신관리 부문	원인	기기의 적용 비고
셀룰라이트	· 좌식 생활습관 · 질 낮은 식이 · 낮은 기초대사량 · 림프순환부진	· G5 + Galvanic · G5 + Suction · Galvanic + Suction
근육탄력저하	· 과도한 다이어트 · 운동부족	· Faradic + Pack · Low frequency + Pack · Middle frequency + Pack · High frequency + Pack · Micro current + Pack · G5 + Micro current · Faradic + Suction
튼살	· 갑작스런 체중증가	· G5 + Suction
혈액순환부진	· 과도한 가공식품 섭취 · 고염도 식사 · 부족한 물 섭취 · 질병	· Faradic + Suction · High frequency + Pack · Ultra sound + Pack
불규칙한 바디 피부	· 다양한 원인 · 켈로이드 · 여드름 · 색소침착	· Galvanic + Pack · Micro current + Pack · High frequency + Pack · Ultra sound + Pack

제1장 단원 학습 정리

1. NCS 피부미용의 직무 정의는 고객의 상담과 피부분석을 통하여 안정감있고 위생적인 환경에서 얼굴과 몸매의 피부를 피부미용기기와 화장품 등을 이용하여 서비스를 제공하고 피부미용에 대한 업무수행을 기획, 관리하는 일이다.

2. 전신 피부미용에 필요한 능력(능력단위)은 다음과 같다.
   - 1201010215_16v3 몸매분석
   - 1201010216_16v3 몸매각질관리
   - 1201010217_16v3 몸매상체전면관리
   - 1201010218_16v3 몸매상체후면관리
   - 1201010219_16v3 몸매하체관리
   - 1201010220_16v3 몸매 팩 · 마스크

3. 전신피부미용에 대한 목적과 효과는 전문적인 지식과 실습능력을 통하여 몸매를 분석하고 그 결과에 따라서 관리를 계획하고, 실행함으로써 신체의 내적으로 건강한 항상성을 유지하게 하고, 외적으로는 아름다운 몸매를 가지게 하며, 정서적으로는 스트레스를 완화하거나 심리적 안정감 등의 효과를 얻을 수 있다.

4. 전신피부미용의 영역으로는 미적 관리로 탄력관리, 슬리밍 관리, 안티스트레스 관리, 안티 셀룰라이트관리, 튼살관리 등이 있으며 피부미용적 방법론에서는 다양한 수기요법에서 테라피에 이르기까지 적용범위는 다양하다.

5. 전신피부미용의 과정은 고객 상담 및 체형분석 → 고객카드 작성(관리프로그램 계획) → 사전 열관리 → 본 트리트먼트(각질관리, 매뉴얼테크닉, 미용기기 적용관리) → 팩 · 마스크 관리 → 마무리 순이다.

단원 종합 문제

1. NCS 피부미용 직무정의에 해당되지 않는 것은?
   가. 고객상담
   나. 피부분석
   다. 미용기기 미사용
   라. 화장품을 이용한 서비스 제공

1. 피부 및 전신관리 시 미용기기 및 기구사용 가능하다.

답 : 다

2. NCS 전신 피부미용에 필요한 능력단위가 아닌 것은?
   가. 피부미용 피부분석
   나. 상체관리
   다. 하체관리
   라. 몸매 팩 · 마스크

2. NCS 능력단위에는 몸매분석이 있다.

답 : 가

3. 다음 중 NCS 피부미용의 관리 범위에 속하지 않는 것은?
   가. 눈썹미용관리 나. 얼굴각질관리
   다. 몸매하체관리 라. 두피염색관리

3. NCS 피부미용의 관리범위에는 두피분석, 모공, 모낭, 모근관리가 속한다.

답 : 라

4. 전신 피부미용의 효과가 아닌 것은?
   가. 전신피부상태 개선
   나. 휴식과 스트레스 이완효과
   다. 피로회복 및 면역 약화
   라. 노화예방

4. 전신 피부미용의 효과는 신체의 내적 항상성을 유지하게 하여 면역을 증진시킨다.

답 : 다

5. 전신 피부미용과정 중 고객 상담 및 체형분석 후 다음단계에서 시행할 과정인 것은?

가. 고객카드작성

나. 사전 열관리

다. 몸매 각질관리

라. 매뉴얼테크닉

5. 전신피부미용의 과정은 고객 상담 및 체형분석→고객카드 작성→사전 열관리→본 트리트먼트→팩·마스크 관리→마무리 순이다

답 : 나

제2장

전신의 해부생리학적 접근

제2장
전신 해부생리학적 접근

01. 전신의 피부

전신피부의 기본적인 구조와 기능은 부위와 상관없이 비슷하지만 트리트먼트를 어떻게 계획하느냐에 따라 작은 차이가 추후에는 상당히 다른 결과를 가져올 수 있다. 얼굴과 전신피부의 가장 분명한 차이는 세포의 턴오버(turn over) 주기, 피지선의 활성도 그리고 표피의 두께이다.

전신피부의 세포 턴오버 주기는 얼굴피부보다 느린데, 그 이유는 외부환경에 덜 노출되고 방치되며 건조하기 때문이다. 이런 요소들이 복합되어 전신피부의 턴오버 주기가 늦어지게 된다.

피지선의 활성도 역시 얼굴에 비해 현저히 낮은데, 주요 피지선들은 대개 얼굴과 두피에 위치해 있다. 이런 이유로 인해 건조함을 많이 유발하고, 전신피부의 문제에 너 많은 영향을 끼친다.

얼굴의 표피는 약 0.12㎜ 두께인데 반해 전신의 피부는 이보다 더 두꺼운 0.6㎜에 가깝다. 바디의 피부가 더 두껍기 때문에 박테리아 확산이나 과각화증이 더 잘 일어나고 산소 공급이 원활하지 않다.

02. 전신의 골격계

1. 골격이란?

약 206개의 뼈 및 이와 관련된 연골들로 구성되어 있으며, 둘 이상의 뼈는 인대 등의 결합조직에 의해 기능적으로 연결되어 관절을 형성한다. 체중의 약 15%를 차지하며 뼈는 단단한 구성과는 달리 우리 몸의 다른 조직들과 마찬가지로 세포를 가지고 살아있는 조직이며, 특수하고 계속 변화하는 결합조직이다.

2. 뼈의 기능

뼈는 몸을 지지해주고 운동을 가능하게 하며 중요한 내부 장기를 보호하는 역할을 한다. 뿐만 아니라 혈구세포를 만들고 광물질을 저장하는 역할도 한다.

3. 뼈의 종류

뼈대는 편의상 머리(head), 목(neck), 몸통(trunk)을 이루는 몸통뼈대(체간골격, axial skeleton) 및 팔다리(사지, limb)를 이루는 팔다리뼈대(체지골격, appendicular skeleton)로 분류한다.

[표2-1] 뼈의 종류

몸통 골격 (체간골격, Axial skeleton)	팔다리뼈 (체지골격, Appendicular Skeleton)
머리뼈(두개골, Skull) 뇌머리뼈(뇌두개골, Cranial bones) 8개 얼굴뼈(안면골, Facial bones) 14개 목뿔뼈(설골, Hyoid) 1개 귓속뼈(이소골, Auditory ossicles) 6개 **척주(Vertebral column:척추뼈(추골) Vertebrae)** 26개 **가슴우리(흉곽, Thorax)** 복장뼈(흉골,Sternum) 1개 갈비뼈(늑골, Ribs) 24개	**팔이음뼈(상지대, Shoulder girdles)** 빗장뼈(쇄골,Clavicle) 2개 어깨뼈(견갑골, Scapular) 2개 **팔(상지, Upper limb)** 위팔뼈(상완골, Humerus) 2개 자뼈(척골, Ulna) 2개 노뼈(요골, Radius) 2개 손목뼈(수근골, Carpals) 16개 손허리뼈(중수골, Metacarpals) 10개 손가락뼈(수지골, Phalanges) 28개 **다리이음뼈(하지대,Pelvic gridles)** 잉덩이뼈(관골, Hip or Coxae) 2개 **다리(하지, Lower limb)** 넙다리뼈(대퇴골, Femur) 2개 종아리뼈(비골, Fibula) 2개 정강이뼈(경골, Tibia) 2개 무릎뼈(슬개골, Patella) 2개 발목뼈(족근골, Tarsals) 14개 발허리뼈(중족골, Metatarsals) 10개 발가락뼈(족지골, Phalanges) 28개
합 80개	**합 126개**
전체 뼈의 갯수 (성인)	**206개**

1) 머리뼈(두개골, Skull cranium)

뇌머리뼈 (뇌두개골, 8개)	이마뼈(전두골, 1개), 마루뼈(두정골,1쌍의 납작뼈), 뒤통수뼈(후두골, 1개), 관자뼈(측두골, 1쌍), 나비뼈(접형골, 1개), 벌집뼈(사골, 1개)
얼굴뼈 (안면골, Facial bone 14개) - 설골제외	위턱뼈(상악골, 1쌍), 입천장뼈(구개골, 1쌍), 광대뼈(협골, 1쌍), 눈물뼈(누골, 1쌍), 코뼈(비골, 2개), 보습뼈(서골, 1개), 아래코선반(하비갑개, 1쌍), 아래턱뼈(하악골, 1개), 목뿔뼈(설골, 1개)

2) 척주(Vertebral column)

몸통(체간)의 지주를 이루고 머리뼈와 골반을 연결하는 척주는 26개(신생아 32~35개)의 척추뼈와 각 척추뼈 사이에 형성된 23개의 섬유 연골인 척추사이원반(추간원판, intervertebral disc)으로 이루어져 있다.

척추뼈는 척추몸통, 척추뼈꼬리(추궁) 및 돌기의 3부분으로 구성되어 있다.

척주뼈(26개)	
	목뼈(경추, Cervical vertebrae) 7개
	등뼈(흉추, Thoracic vertebrae) 12개
	허리뼈(요추, Lumbar vertebrae) 5개
	엉치뼈(천골, Sacrum) 1개 5개에서 성인이 되면 1개 뼈로 융합
	꼬리뼈(미골, Coccyx) 1개 3~5개의 뼈가 1개로 융합

3) 가슴우리(흉곽, Thorax)

가슴우리(흉곽)(25개) 척주의 등뼈와 함께 깔대기 모양의 흉곽 형성	
	갈비뼈(늑골, Ribs) 12쌍
	복장뼈(흉골, Sternum) 1개

4) 팔이음뼈(상지대, Pectroral girdle)

팔이음뼈(4개) 두 팔을 지지, 위팔이 자유로이 움직이도록 도와준다.	
	빗장뼈(쇄골) 2개
	어깨뼈(견갑골) 2개

5) 팔뼈(상지골, Upper limb)

자유팔뼈(60개)	
	위팔뼈(상완골, Humerus) 2개
	자뼈(척골, Ulna) 2개
	노뼈(요골, Radius) 2개
	손목뼈(수근골, Carpals) 16개
	손허리뼈(중수골, Metacarpals) 10개
	손가락뼈(수지골, Phalanges) 28개

6) **다리이음뼈**(하지대골, Pelvic gridles)**와 다리뼈**(하지골, Lower limb)

다리이음뼈(2개) (엉덩뼈, 관골, 볼기뼈)	엉덩뼈(관골 Hip or Coxae) 2개 : 엉덩뼈(장골, ilium), 궁둥뼈(좌골, ischium), 두덩뼈(치골, pubis)가 융합되어 형성
자유다리뼈(60개)	넙다리뼈(대퇴골, Femur) 2개 : 신장에서 가장 길고 무거운뼈, 콩팥의 1/4
	종아리뼈(비골, Fibula) 2개
	정강이뼈(경골, Tibia) 2개
	무릎뼈(슬개골, Patella) 2개 : 인체에서 가장 큰 종자 뼈
	발목뼈(족근골, Tarsals) 14개
	발허리뼈(중족골, Metatarsals) 10개
	발가락뼈(족지골, Phalanges) 28개

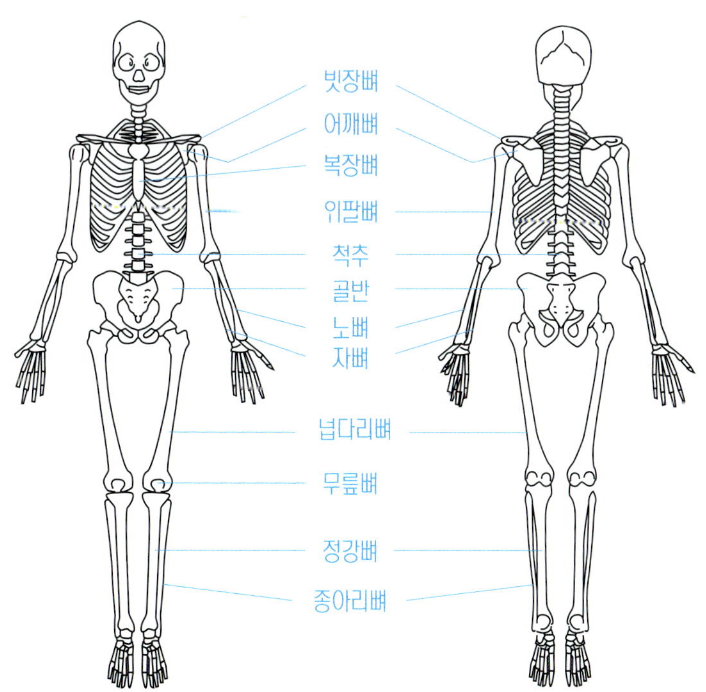

[그림2-1] 사람의 뼈

03. 전신의 근육계

1. 전신의 근육

인체의 근육계는 대략 650여개의 근육들로 이루어져 있으며 체중의 40~45%를 차지하고 근섬유와 결합조직으로 구성되어 있다. 신체의 원활한 운동을 하기 위해 근육에 부착되어 있는 뼈, 관절 등의 구조물들을 움직이거나 고정시킨다.

1) 근육의 형태

종류	형태	기능
골격근 (뼈대근육, Skeletal muscle)	가로무늬근(횡문근)	수의근
심장근 (심근, Cardiac muscle)	가로무늬근(횡문근)	불수의근
평활근 (내장근, Smooth muscle)	민무늬근	불수의근

2. 근육의 기능

① 신체의 능동적 운동

② 자세유지

③ 체열생산 : 정상체온 유지

④ 호흡운동

⑤ 혈관의 수축으로 인한 혈액순환

⑥ 소화관 운동 : 음식물 이동

⑦ 배뇨 · 배변 활동

3. 전신 근육의 구성

1) 두부의 근육(Muscles of head)

머리의 근육은 안면근(얼굴근)과 씹기근육(저작근)으로 구분된다.

(1) 얼굴근육(안면근, Muscles of facial expression)

구분	기능
뒤통수이마근(후두전개근)	두피주름, 눈썹을 올리는 기능
눈둘레근(안륜근)	눈을 감게, 눈을 깜박이게 하는 기능
코근(비근)	콧구멍을 넓히는 기능
볼근(협근)	음료수나 젖을 빠는 데, 화난 표정, 뺨을 축소하고 공기를 내뿜는 기능
입둘레근(구륜근)	입을 다물게, 휘파람, 촛불을 끌 때
입꼬리당김근(소근)	보조개 형성
큰광대근(대관골근)	입꼬리를 끌어당겨 웃는 표정, 웃음근, 미소근 기능
작은광대근(소관골근)	윗입술을 위로 당겨 부정적인 표정을 짓게 하는 기능
위입술올림근(상순거근)	윗입술 바깥부분을 위로 당겨 싫은 표정
입꼬리내림근(구각하체근)	입꼬리를 아래로 당겨 슬픈 표정
아랫입술내림근(하순하체근)	아랫입술을 하내방으로 당겨 입을 삐죽 내밀게

(2) 씹기근육(저작근, Muscles of mastication)

구분	기능
깨물근(교근)	아래턱을 위와 앞으로 당긴다.
관자근(측두근)	아래턱을 위와 뒤로 당긴다.
안쪽날개근(내측익돌근)	아래턱을 위와 앞으로 당기거나 씹을 때 돌림운동
가쪽날개근(외측익돌근)	아래턱을 아래앞으로 당기거나 씹을때 돌림운동

2) 경부의 근육(Muscles of neck)

구분	기능
목뿔위근육(설골상근)	입을 열거나 음식물을 삼킬 때
목뿔아래근육(설골하근)	음식물을 삼킬 때, 소리를 낼 때
넓은목근(광경근)	입안을 아래로 당김 구각을 하방으로 당겨 슬픈표정 목에 주름을 잡아 목정맥의 압박을 완화시키는 작용
목빗근(흉쇄유돌근)	머리의 폄과 돌림

3) 흉부의 근육(Thoracic Muscles)

구분		기능
천흉근	큰가슴근(대흉근)	위팔의 굽힘과 모음 안쪽 돌림을 주도 복장뼈와 갈비뼈를 위로 당긴다.
	빗장밑근(쇄골하근)	빗장뼈를 위아래로 당긴다.
	앞톱니근(전거근)	어깨뼈의 벌림
	작은가슴근(소흉근)	어깨뼈를 앞아래로 당긴다.
심흉근 (호흡 근육)	바깥갈비사이근(외늑간근)	갈비뼈를 들어올려 가슴안을 넓힌다.
	속갈비사이근(내늑간근)	갈비뼈를 아래로 당겨 가슴안을 좁힌다.
	가슴가로근(흉횡근)	갈비연골을 아래로 당겨 가슴안을 좁힌다.
	갈비밑근(늑하근)	갈비뼈를 아래로 당겨 속갈비사이근을 돕는다.
	갈비올림근(늑골거근)	척주의 굽힘과 돌림, 갈비뼈를 들어 올려 바깥갈비사이근을 돕는다.
(호흡 근육)	가로막(횡경막)	수축시에는 가슴안을 넓히고, 이완시에는 좁힌다.

4) 복부의 근육(Abdominal muscles)

구분		기능
앞배벽 (전복벽)	배곧은근(복직근)	한쪽만 작용 시 척주 가쪽 굽힘 양쪽이 동시에 작용시 척주 굽힘
	배세모근(추체근)	백선의 기능과 작용을 지지 치골결합에 영향
측복근	바깥배빗근(외복사근)	척주의 돌림과 굽힘 배내장 압박
	속배빗근(내복사근)	척주의 돌림과 굽힘 배내장 압박
	배가로근(복횡근)	배내장 압박, 갈비뼈를 아래로 당긴다.
후복근	허리네모근(요방형근)	엉덩뼈의 올림, 제12갈비뼈 조정(호흡시)

5) 등의 근육(Muscles of back)

구분		기능
얇은등근육(천배근)	등세모근(승모근)	어깨뼈를 위로 당기며 머리를 뒤나 옆으로 굽힌다. 어깨뼈를 안쪽으로 당긴다. 어깨뼈를 인쪽으로 당기면서 가쪽돌림 시킨다.
	넓은등근(광배근)	위팔의 폄, 모음, 안쪽돌림
	작은마름근(소능형근)	어깨뼈 모음과 돌림
	큰마름근(대능형근)	어깨뼈 모음과 돌림
	어깨올림근(견갑거근)	어깨뼈의 올림
중간등근육(중간배근)	톱니근(상·하 후거근)	어깨뼈 내림과 올림 견갑골과 갈비뼈 안정
깊은등근육(심배근)	척주세움근(척주기립근)	척주를 지지, 폄 갈비뼈를 하방으로 당기는 역할
	갈비올림근(늑골거근)	갈비뼈를 끌어올려 흡기 운동에 관여 척주의 굽힘(굴곡), 돌림(회전)에 관여 척수 신경 지배

6) 팔(상지)의 근육(Muscles of upper limbs)

구분		기능
어깨(견갑부)의 근육	세모근(삼각근)	위팔의 굽힘, 폄, 벌림 및 안·가쪽 돌림
	어깨밑근(견갑하근)	위팔의 안쪽 돌림
	가시위근(극상근)	위팔의 벌림
	가시아래근(극하근)	위팔의 가쪽 돌림
	작은원근(소원근)	위팔의 모음과 가쪽 돌림
	큰원근(대원근)	위팔의 모음과 가쪽 돌림
위팔(상완)근육	위팔두갈래근(상완 이두근)	팔의 굽힘·뒤침, 전완고정시 위팔의 굽힘
	위팔세갈래근(상완삼두근)	아래팔의 신전
	위팔근(상완근)	아래팔의 굽힘
	위팔노뼈근(완요골근)	아래팔의 굽힘
	부리위팔근(오훼상완근)	아래팔의 굽힘·모음
	팔꿈치근(주근)	아래팔의 폄, 위팔 세갈래근 보조
아래팔(전완)근	앞면의 굽힘근 8 뒷면의 폄근 11개	손과 손목 회전 악력 단련
손의근	무지구근, 중간근, 소지구근	손가락의 굽힘·모음

7) 다리(하지)의 근육(Muscles of lower limbs)

구분		기능
속볼기뼈근(내관골근)	엉덩이허리근(장요근)	장골근, 대요근, 소요근
바깥볼기근(외관골근)	큰볼기근(대둔근), 중간볼기근(중둔근), 넙다리근막긴장근 (대퇴근막장근), 궁둥구멍근(이상근)	대퇴의 신전 대퇴의 내전과 외측회전보조
넙다리(대퇴)의 근	앞넓적다리 근육 (전대퇴근)	넙다리빗근(봉공근) : 인체에서 가장 긴 근 넙다리네갈래근(대퇴사두근) : 인체에서가장 큰 근 넙다리곧은근(대퇴직근)
	넓적다리 근육 (내측대퇴근)	두덩근(치골근), 3개의 삼각형의 모음근(내전근), 두덩강근(박근)
	뒤넙적다리근 (오금근, 슬와근)	넙다리두갈래근(대퇴이두근), 반힘줄모양근(반건양근), 반막모양근(반막양근)
종아리(하퇴)의 근육	폄근(전하퇴근)	앞정강근(전경골근), 긴발가락폄근(장지신근), 긴엄지폄근(장무지신근)
	굽힘근(후하퇴근)	종아리세갈래근(하퇴삼두근), 뒤정강근(후경골근), 긴엄지굽힘근(장무지굴근), 긴발가락굽힘근(장지굴근), 오금근(슬와근), 족저근(발바닥근)
	종아리세갈래근 (하퇴삼두근)	비복근(장딴지근), 가자미근(넙치근)
	긴발가락굽힘근 (장지굴근)	긴엄지 굽힘(장무지굴근) : 엄지의 굽힘 뒤정강근(후경골근) : 발의 발바닥 굽힘과 발바닥 모음에 관여
	종아리근군 (비골근군, 외측하퇴근)	장·단종아리근(비골근)

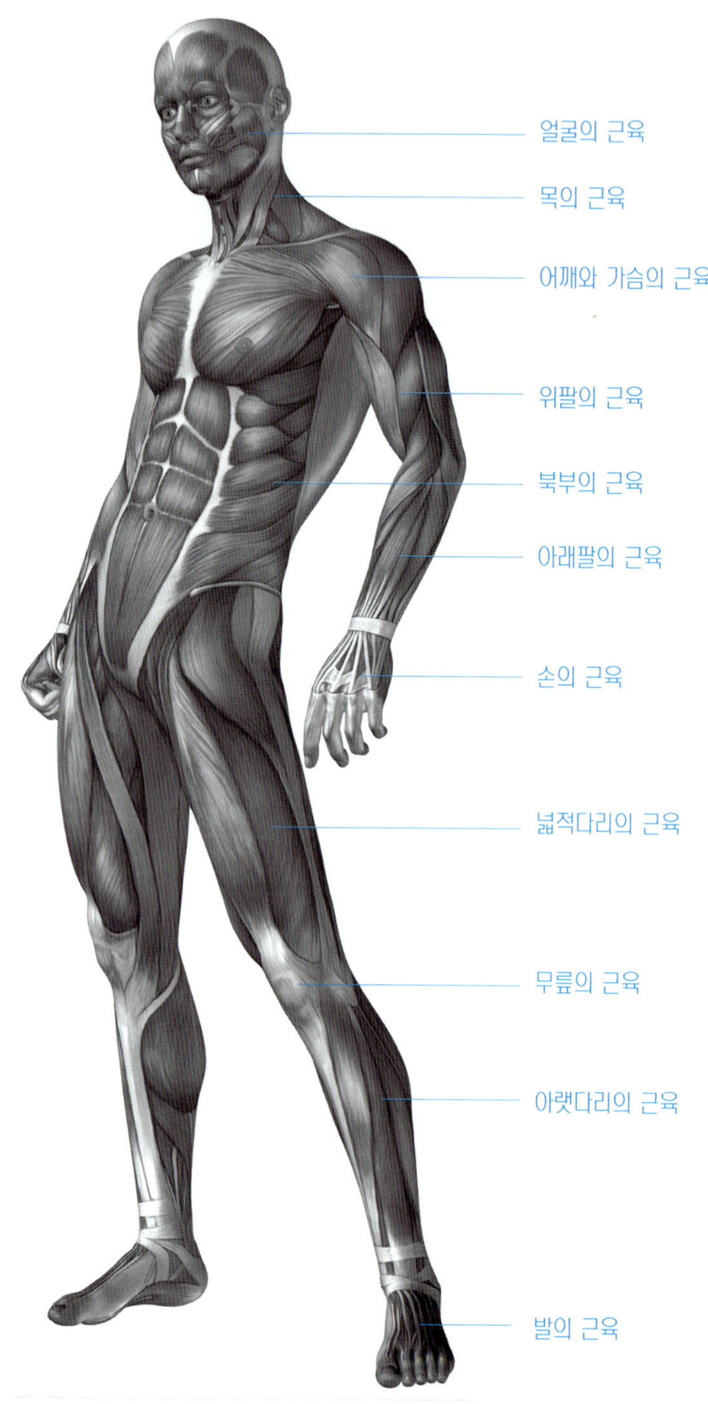
얼굴의 근육
목의 근육
어깨와 가슴의 근육
위팔의 근육
복부의 근육
아래팔의 근육
손의 근육
넓적다리의 근육
무릎의 근육
아랫다리의 근육
발의 근육

[그림2-2] 사람의 근육

04. 전신의 림프

1. 림프계와 림프의 구성

1) 림프 순환계

심장순환계와 밀접한 관계를 맺고 있어 제2의 순환계라고도 하며 정맥의 보조순환을 담당한다. 순환기 계통의 구성은 혈관계통(vascular system)과 림프계통(lymphatic system)으로 나눌 수 있다. 혈관계는 동맥(artery), 정맥(vein)과 모세혈관(capillary)로 구성되며 림프계는 림프관 (lymphatic duct), 림프절(lymph node)과 독립된 림프기관인 편도(tonsil), 비장(spleen) 및 가슴샘 (thymus)으로 구성되어 있다.

2) 림프의 구성

체액은 우리 몸의 내부 환 경을 정상으로 유지하는 역할을 수행하며, 체액이란 혈액이나 림프액, 조직액 등을 통틀어 이르는 말이다. 림프 순환계란 모세혈관 동맥에서 스며 나와서 세포 간 조직을 채우고 있던 체액이 정맥 모세혈관으로 재흡수과정에서 일부가 림프 모세관으로 들어와 흐르는 것을 말한다. 모세림프관은 인체 전체에 분포되어 있으며 양쪽 끝이 열려있는 일방통로이다. 모세림프관의 기능은 과도한 체액을 수거하여 흉관과 대정맥으로 운반하는 것이다. 이런 림프계 속을 순환하는 액체를 림프액이라고 부른다. 즉 림프액이란 혈관에서 배출된 후 재흡수되지 않은 조직액이라고 설명될 수 있다. 심장의 펌프작용에 의해 순환하는 혈액과는 달리 림프액은 펌프자용이 도움없이 천천히 흐른다.

2. 림프의 형성

혈액으로부터 조직액으로의 여과과정은 모세혈관 벽을 통하여 이루어진다. 그 다음과정으로는 이 액체들이 조직쪽으로 스며들며 재흡수과정을 거친다. 동맥에서의 액체 배출은 정맥의 액체를 제흡수하는 것으로 이어지는데 이 출구를 스탈린 평형이라고 한다. 그러나 모세혈관 벽을 통해 스며나온 액체는 전부가 정맥으로 재흡수되는 것이 아니다. 재흡수되지 않고 남은 액체는 특별한 수송체계로 들어가게 되는데 이것이 림프가 되는 것이다.

3. 림프계의 기능

· 림프모세관은 과다한 세포액을 흡수하여 혈류로 되돌려줌
· 소장내의 림프모세관은 단백질과 결합되어 있는 지방을 흡수
· 체내의 림프세포의 생산, 유지 및 분배에 관여
· 병원균에 대항하는 방어를 도움

림프 형성에 관여하는 3가지 압력

a) 혈액의 흐름에 따른 수압
b) 단백질의 삼투압
c) 조직들이 모세혈관에 대하여 미치는 압력

4. 림프의 순환

림프는 새로운 림프액이 먼저의 림프액을 밀어냄으로써 흐르기 때문에 수동적이고 속도가 혈액에 비해 느리다. 맥박, 운동, 장의 연동운동, 호흡에 의한 흉관 내의 압력 변화가 림프의 흐름을 촉진시키며 림프드레나쥐 또한 효과적이다. 림프드레나쥐는 림프의 흐름에 상당한 영향을 끼쳐서 그 흐름의 속도를 약 10~20배 가량 빨라지게 한다.

인체의 림프순환은 두 부분으로 구분되어 실행된다. 우측상반신 부분에서는 우쇄골하정맥이 림프액을 모으는 기능을 한다. 여기에는 횡경막 오른쪽 흉부, 오른팔, 우측 반신 부위가 여기에 속한다. 흉관의 부분은 인체 다른 각 부위의 림프절들을드레니지 해준다. 즉 하지, 복부, 횡경막의 상부 왼쪽 부위, 왼팔, 좌측 반신 부위가 여기에 속한다. 이곳에서는 좌쇄골정맥으로 통하게 된다.

EX) 하지의 림프순환의 예

1) 림프액은 발목으로부터 무릎으로 다리를 따라 올라간다.
2) creux poplite(le pli du genou) : 슬와부위를 지난다.
3) 대퇴부 안쪽면을 거쳐 서혜부 림파절로 이르게 된다.
4) 서혜부림프절에서 더 깊은 부위로 이동되며 복부의 유미조(canal thoracique).

림프의 흐름을 저해하는 인자

- 외과 수술로 인한 림프선의 절단
- 스트레스
- 꽉 끼는 옷
- 오래 앉아있거나 다리를 꼬는 자세
- 흡연, 음주
- 과다한 피하지방의 축적
- 높은 신발

5. 림프 순환 경로

림프가 조직들 사이에 위치한 모세림프관으로 들어갔다가 나와서 다시 정맥계로 들어가는 일련의 순환 경로를 말한다. 크게 전신과 얼굴 두 가지로 나눌 수 있다.

1) 전신 림프 순환 경로

전신 림프 경로는 다음과 같다.

심장 → 대동맥 → 동맥 → 모세혈관 → 조직액 → 림프관 → 가슴관 → 좌림프총관 → 좌쇄골하정맥 → 상대정맥 → 심장

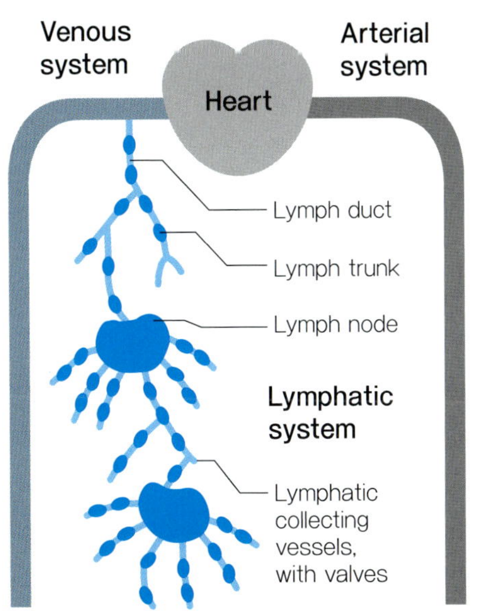

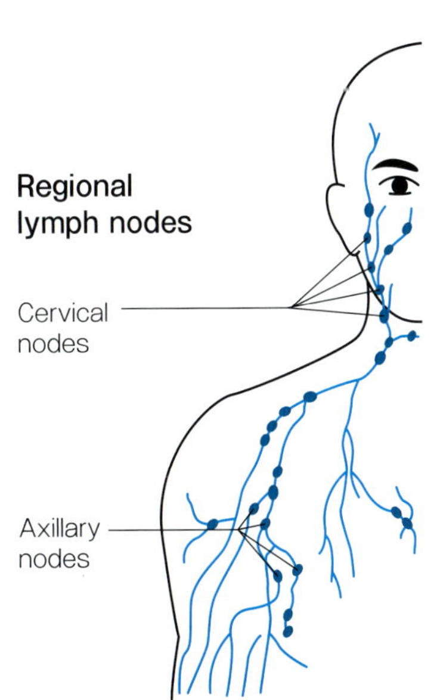

6. 전신의 주요 림프절

1) 림프절의 기능

림프절은 림프관 중간 중간에 위치하며 그 크기는 매우 다양하다. 신체에는 약 600여개의 림프절이 있으며 그 중 160여개가 목부분에 집중되어 있다. 일반적으로 림프절은 성글게 분포되어 있지만 목을 비롯한 겨드랑이 사타구니와 같은 인체의 몇몇 부위에는 대량으로 집중되어 있다.

림프절에는 림프구가 있어 외부로부터의 감염에 대하여방어기능 및 여과와 식균작용을 한다. 우리 몸 속에 있는 백혈구의 약 25~38% 정도는 림프구에서 만들어진 것이며 나머지는 골수에서 만들어낸다.

2) 주요 림프절

① 목림프절(Cervical region)

목부위의 림프절은 턱의 아래쪽 경계를 따라 귀의 앞과 뒤의 큰혈관을 따라 목안의 깊숙한 부위에 있다. 이 절들은 비강과 인두의 조직 뿐만 아니라, 얼굴과 두피에서 나오는 림프관과 연결되어 있다.

② 겨드랑이 림프절 (Axillary region)

겨드랑이 부분과 팔 아래부위에 있는 림프절들은 팔과 흉곽의 벽, 유선, 복부의 윗벽에서 나오는 림프관에서 받아들인다.

③ 서혜부샅림프절(Inguinal region)

서혜부부위의 절은 다리와 외부 생식기 및 아래복벽에서 림프를 받아들인다.

④ 골반강림프절(Pelvic cavity)

골반강내에서 림프절은 제일 먼저 장골 혈관의 길을 따라 있다. 이 절들은 골반강 내에서 림프를 받는다.

⑤ 복강림프절(Abdominal cavity)

복강 내에서 림프절은 장간막동맥과 배대동맥의 주 가지들을 따라 사슬로 연결되어 있다. 이 절들은 복부내장에서 림프를 받는다.

⑥ 흉강림프절(Thoracic cavity)

흉강의 림프절은 종격동내와 기관 및 기관지를 따라 있다. 그들은 흉부내장과 흉부의 내부 벽에서 림프를 받는다.

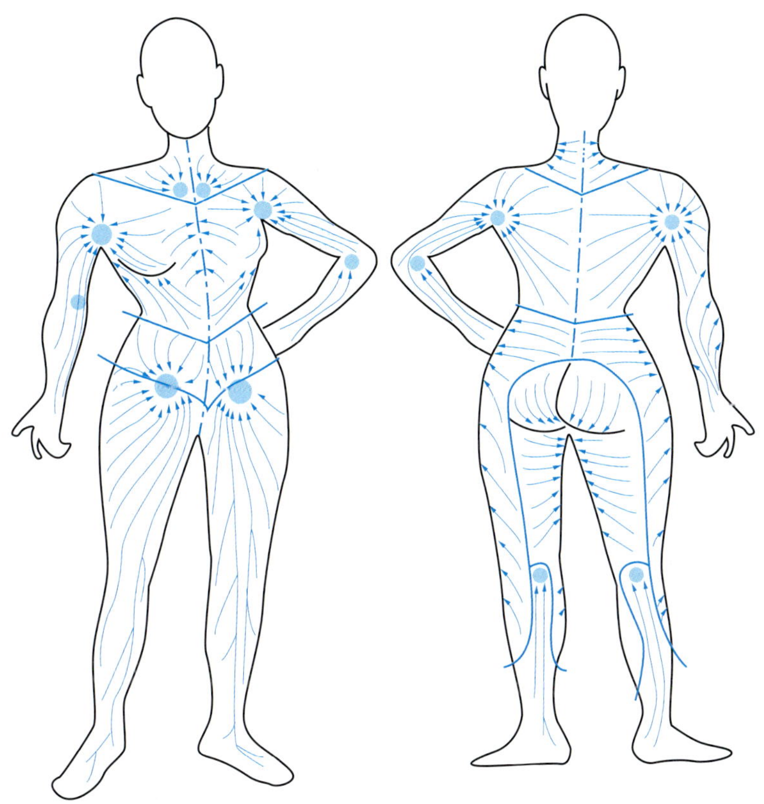

림프마사지 역사

림프드레나쥐는 1930년대에 덴마크의 생리학자이며 마사지사인 Dr. Vodder와 그의 부인에 의해 최초로 개발된 요법이다. 그는 그 당시 전혀 알려지지 않았던 복잡한 림프체계에 대해 연구했으며 이어서 림프계 순환장애에 의한 병적 증상을 위해 림프드레나쥐라는 일종의 마사지 방법을 개발해냈다.
림프드레나쥐는 1936년 봄 파리의 건강 미용박람회에 최초로 소개되어 많은 관심을 끌었지만 당시에는 림프계와 림프순환에 대한 의학적 증명이 불가능하였으므로 인정을 받지 못하였다. 그러나 이후 그는 피부관리사들에게 관심을 돌려 1957년 비엔나에서 열린 시데스코 박람회에서 그의 방법을 소개하여 대환영을 받게 되었다.
오늘날 림프드레나쥐는 의학분야, 피부관리 분야에서 정식으로 승인된 물리치료법의 하나로서 확고한 자리를 차지하게 되었다.

05. 전신의 경락

1. 경락(經絡)이란?

경락은 전신의 기혈을 운행하고 몸의 장부와 팔, 다리, 관절을 연결하고 또한 위, 아래, 안, 밖을 내 · 외를 연결시키는 통로이다. 경락은 경맥과 낙맥의 총칭이며 경맥은 '세로길, 세로 혈맥'이라는 의미로 경락 계통의 가운데를 세로로 순행하는 간선이고 락맥은 '가로길, 가로 혈맥'이라는 의미로 가로로 횡행하며 전신에 분포되어있다. 경맥을 '주된 통로'라 하여 주선이고 락맥은 경맥을 연결하는 분지이다. 경락은 장부와 연관되어 전신에 분포되어 있으며 인체의 많은 부분과 연결되어 각각 소속계통이 이루어져있다. 한의학에서의 경락 치료는 침이나 뜸으로 이루어졌으나 경락관리에서는 경혈점을 자극하고 경락의 유주의 순행을 도와 자연치유력을 향상시키고 아름다움을 유지시켜준다.

2. 경락의 구성

경락의 구성은 경맥과 낙맥으로 나뉘며 경맥은 12경맥, 12경별(十二經別), 기경팔맥(寄經八脈)으로, 낙맥은 15낙맥(十五絡脈), 손락(孫絡), 부락 (浮絡), 12경근(經筋)으로 구성되어 있다.

<table>
<tr><td rowspan="11">경락</td><td rowspan="6">경맥</td><td rowspan="4">12경맥</td><td rowspan="2">손</td><td>삼음경</td><td>수태음폐경, 수소음심경, 수궐음심포경</td></tr>
<tr><td>삼양경</td><td>수양명대장경, 수태양소장경, 수소양삼초경</td></tr>
<tr><td rowspan="2">발</td><td>삼음경</td><td>족태음비경, 족소음신경, 족궐음간경</td></tr>
<tr><td>삼양경</td><td>족양명위경, 족태양방광경, 족소양담경</td></tr>
<tr><td>12경별</td><td colspan="3">12경맥에서 나와 다시 경맥으로 흐르는 또 다른 경맥</td></tr>
<tr><td>기경팔맥</td><td colspan="3">12경맥 가운데를 기혈이 넘치면 유입되는 큰 지맥</td></tr>
<tr><td rowspan="5">락맥</td><td>15락맥</td><td colspan="3">모든 락맥을 총괄하는 줄기</td></tr>
<tr><td>손락</td><td colspan="3">락맥 중 가늘게 분포되어 피부 위에서 볼 수 있는 락맥</td></tr>
<tr><td>부락</td><td colspan="3">락맥에서 갈라진 미세한 것</td></tr>
<tr><td>12경근</td><td colspan="3">12경맥의 기를 근육과 관절에 연락시키는 체계</td></tr>
<tr><td>12피부</td><td colspan="3">12경맥의 기능 활동이 인체의 표면에 반영되는 부분</td></tr>
</table>

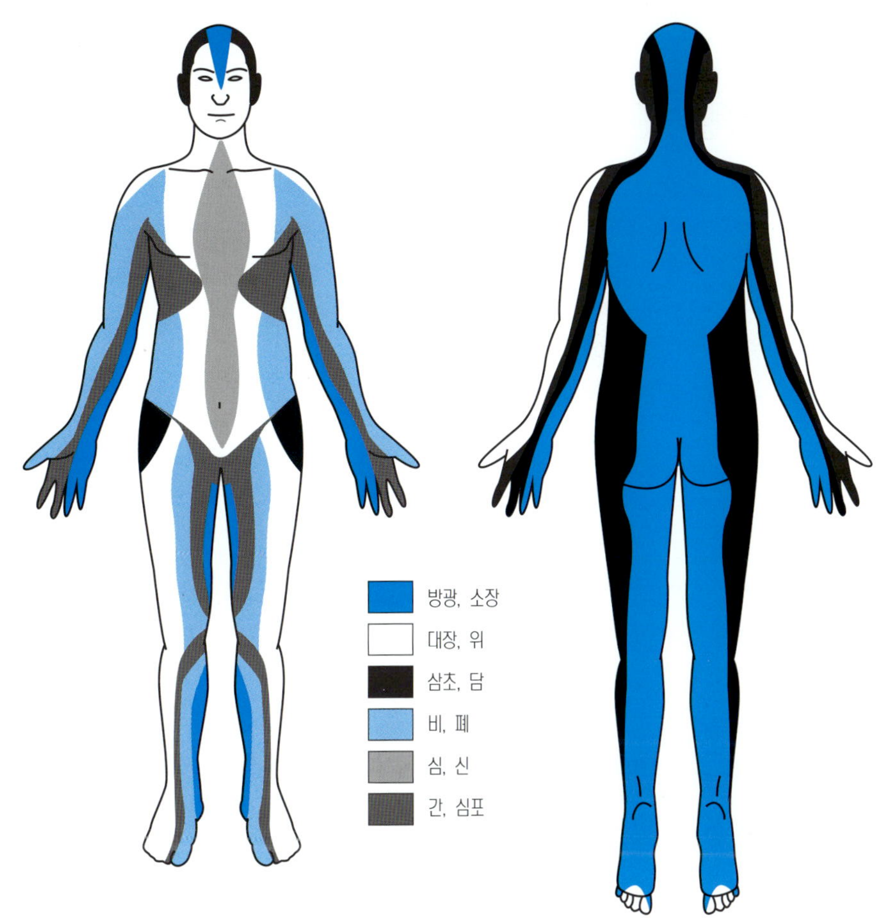

(1) 12경맥

기혈이 순환하는 주요한 통로로서 각각 손끝과 발끝에서 시작되거나 끝나 다른 경맥으로 도달된다. 12경맥은 음경과 양경으로 나뉘는데, 음경은 사지의 안쪽과, 몸체의 앞쪽으로 아래에서 위로 흐르고, 양경은 사지의 바깥쪽과, 몸체의 뒤쪽으로 위에서 아래로 흐른다. 음경은 각각 하나의 장(간, 심, 비 ,폐, 신, 심포)에 연계되고, 양경은 각각 하나의 부(담, 소장, 위, 대장, 방광, 삼초)에 연계되어 소속되는 장부의 이름을 붙이는데 이 경맥을 통하여 경기가 해당 장부와 기관들에 가서 정상적인 기능을 유지하게 한다.

(2) 12경별

12경별은 12경맥에서 분출한 중용한 분지로 12경맥과 별도로 체강 내를 관통하여 종횡으로 연락하는 분지로서 정경과 같이 영기(榮氣)가 유주하여 영양을 공급하는 역할을 한다.

(3) 기경팔맥

기경이란 독단으로 흐르고 수행하는 경맥으로 12경맥과는 순행하여 기혈운행에 대항여 조절작용을 한다. 또한 12경맥처럼 규칙적이지 않고 오장육부와 직접 관계가 없으며 음양표리(陰陽表裏)관계를 가지고 있지 않다. 임 · 독맥을 12경맥의 축으로 공유하면서 12정경과는 다른 경로를 갖는 또 다른 경락 체계이다. 임맥, 독맥, 충맥, 대맥, 음교맥, 양교맥, 음유맥, 양유맥으로 구성된다.

(4) 낙맥

12경맥의 외부에서 갈라져 나온 가지를 말하며 옆으로 비스듬히 비교적 경맥보다는 가늘고 얕은 표피층에 그물망처럼 분포되어 있고, 몸의 겉 피부와 근육에 연결된다.

경락계통의 구성

<table>
<tr><td rowspan="8">경락</td><td rowspan="3">경맥</td><td>십이경맥</td><td>기혈 운행의 주요 간선. 장부와의 연계</td></tr>
<tr><td>십이경별</td><td>경맥에서 분리된 후 다시 경맥으로 합함</td></tr>
<tr><td>기경팔맥</td><td>십이경맥을 종횡으로 연결</td></tr>
<tr><td rowspan="3">낙맥</td><td>십오별락</td><td>낙맥 중 크고 주된 줄기</td></tr>
<tr><td>손락</td><td>낙맥보다 더 가늘게 분포하는 분지(피부위에서 볼 수 있는 낙맥)</td></tr>
<tr><td>부락</td><td>체표에 드러나는 가장 가는 낙맥(낙맥에서 다시 갈라진 미세한 것)</td></tr>
<tr><td>십이경근</td><td colspan="2">해당경락이 미치는 부위의 기가 공급되는 근육조직의 범위
인체의 모든 근육관절을 연결, 자양하고 운동을 관리</td></tr>
<tr><td>십이피부</td><td colspan="2">12경맥의 기능활동이 인체의 표면에 반영되는 부분</td></tr>
</table>

3. 경락의 명칭

경락을 크게 나누면 음경락, 양경락이 되고 이것은 다시 천지인(天地人) 삼위일체로 세 개씩 이루어지며 이것을 다시 수족(手足)으로 나누면 여섯 개씩 나누어지는데 음·양 경락을 모두 합치면 12개가 된다. 12경맥의 명칭은 양경은 양명(陽明), 태양(太陽), 소양(少陽)으로 나누고, 음경은 태음(太陰), 소음(少陰), 궐음(厥陰)으로 나뉘어 각각 사지로 뻗어 있다.

12경맥의 명칭

- 수경 : 상지를 순행한다.
- 족경 : 하지를 순행한다.
- 음경 : 사지의 내측을 순행하고 태음, 소음, 궐음으로 구분한다.
- 태음 : 음기가 왕성해지기 시작한다는 뜻이다.
- 소음 : 음기가 적다는 말이다.
- 궐음 : 음기가 끝나는 마지막 단계에 이르렀다는 뜻이다.
- 양경 : 사지의 외측을 순행하고 양명, 태양, 소양으로 구분한다.
- 양명 : 양기가 가장 왕성하다는 뜻이다.
- 태양 : 양기가 왕성해지기 시작한다는 말이다.
- 소양 : 양기가 적은 것을 말한다.

4. 12경맥의 표리

수·족 삼음경과 삼양경은 음경과 양경으로 구성된 여섯 쌍의 표리관계가 이루어지고 표리관계를 이루는 경맥은 사지 안팎 양쪽으로 상대되는 위치로 순행하며 손과 발에 접속된다. 이처럼 12경맥이 장부와 음양사이에 6쌍의 표리관계가 형성이 되고 이 표리관계에 있는 경맥 간에는 생리적, 병리적으로 밀접한 관련이 있고 치료 시에 상호 적용되기도 한다.

12경맥의 표리관계

표 (表)	리 (裏)
수양명대장경	수태음폐경
족양명위경	족태음비경
수태양소장경	수소음심경
족태양방광경	수소음심경
수소양삼초경	수궐음심포경
족소양담경	족궐음간경

5. 12경맥의 유주(流注)

유주는 12경맥을 도는 경기(經氣)의 흐름인데 수태음폐경에서 시작하여 수양명대장경 → 족양명위경 → 족태음비경 → 수소음심경 → 수태양소장경 → 족태양방광경 → 족소음신경 → 수궐음심포경 → 수소양삼초경 → 족소양담경 → 족궐음간경의 12경맥을 경과하여 순차적으로 끊임없이 순환한다.

오장은 인간 생명이 존재하는 동안 쉬징낳고 활동하는 반면에 육부는 필요에 따라 활동한다. 12경맥이 순환하는 경로에 따라 음경맥과 양경맥이 유장육부에 따라 각각 한 경맥씩 연계하여 전신으로 순행한다. 음경은 각각 하나의 장에 연계되고, 양경은 각각 하나의 부에 연계되어 소속되는 장부의 이름이 붙는다.

장(臟)은 속이 채워져 있어 음이고 간, 심, 비, 폐, 신의 오장과 심포를 더하여 육장이라고 한다. 장은 정, 기, 신을 주관하고 사람의 생명이 있는 한 한시도 쉬지 않고 활동한다. 부(腑)는 속이 비어 있어 양이고 담, 소장, 위, 대장, 방광, 삼초가 있다. 음식의 소화와 배설하는 통로가 되는 것으로 필요에 따라 활동한다.

오장의 상호관계

오행(五行)	목(木)	화(火)	토(土)	금(金)	수(水)
장(음)(리)	간	심(심포)	비	폐	신
부(양)(표)	담	소장(삼초)	위	대장	방광
역할	운동	순환	소화	호흡	배설, 생식
오관(五官)	눈	혀	입	코	귀
오주(五主)	힘줄	혈관	기육	피모	골수
오지(五志)	노(怒)	희(喜)	사(思)	우(憂), 비(悲)	공(恐)
오액(五液)	눈물	땀	군침	콧물	가래
오색(五色)	청	적	황	백	흑
오미(五味)	신맛	쓴맛	단맛	매운맛	짠맛
오기(五氣)	풍(風)	열(熱)	습(濕)	조(燥)	한(寒)

기경팔맥의 이해

기경팔맥은 임맥, 독맥, 충맥, 대맥, 음교맥, 양교맥, 음유맥, 양유맥으로 구성되어 있다. 12경맥과 달리 규칙적이지 않고, 오장육부에 직접 연계되는 관계가 없으며 경맥간의 음양표리관계를 가지고 있지 않다. 기경팔맥은 12경맥 사이를 가로 세로로 지나면서 12경맥의 작용을 보충하고 연락하며 기혈을 조절한다. 기경팔맥 중 양유는 양을 연계하여 모든 양경을 조합하고, 음유는 음을 연계하여 모든 음경을 조합한다. 대맥은 허리부위의 가로맥을, 충맥은 세로맥을 통하여 삼양과 삼음을 관할하며, 독맥은 양을 총괄하고 임맥은 음을 총괄한다.

6. 임맥과 독맥

임맥과 독맥은 기경팔맥의 한 부분으로 임맥은 음(陽)을 총괄하며 독맥은 양을 총괄한다. 대부분 기경팔맥은 12경맥의 분출 지맥으로 12경맥의 보조 역할을 하지만 임맥(陽)과 독맥은 자기경맥으로 고유의 경혈을 가지고 있다. 그래서 기경팔경에 속해 있지만 12경맥과 같은 대우를 받거나 14경맥으로 표현하기도 한다. 이것이 기경팔맥에서 임맥과 독맥을 별도의 단원으로 차별화하게 된 것이다.

1) 기능

(1) 임맥

임맥은 몸의 앞부분 성중앙을 순행하며 음경락을 담당한다. 여성의 임신과 관련 이 있으며 정(精), 혈(血), 진액(津液)을 총괄한다.

인체의 음측 부분인 복부 중앙선을 상행하며 흐르고 있으며 모든 음경이 임맥과 연결되어 음경의 기혈을 조절한다. 정(精), 혈(血), 진액(津液) 등도 임맥에 의해 조절되고 여성의 월경, 대하 등 부인과 질환에 관계가 깊고 충맥과 함께 임신을 주관한다.

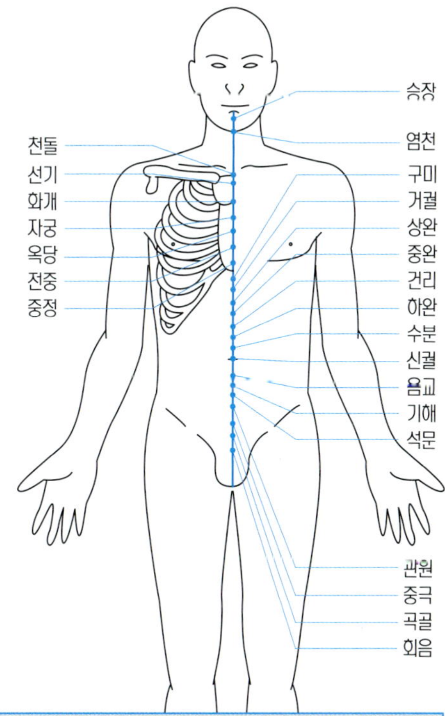

순행

포중에서 시작되어 회음을 지나 음부를 거쳐 복부, 흉부의 정중선을 지나 후두를 거쳐 아랫입술 밑에 이른다. 여기서 다시 둘로 나뉘어 상행하여 은교에서 독맥과 만나고 좌우로 갈라져 안면으로 나와 눈 밑에서 양교맥, 족양명위경과 만난다.

(2) 독맥

독맥은 몸의 뒷부분 정중앙을 순행하며 양경락을 담당한다. 척추를 통하여 뇌로 순행되며 다시 척추를 통하여 전신에 전달되어 정신활동에 관여한다.

인체의 양측 부분인 척주의 정중앙을 따라 상행하며 흐르고 있어 양측을 대표하는 곳으로 여섯 개 양경은 모두 독맥과 대추에서 만나며 양경의 기혈을 조절한다. 생식기능을 주관하며 뇌로 들어가고 신(腎)을 연결시키므로 뇌, 척수, 신의 기능을 반영한다. 경맥은 있어도 소속 장부가 없으며 양경이면서도 아래에서 위로 흐름이 12경맥과 차이점이다.

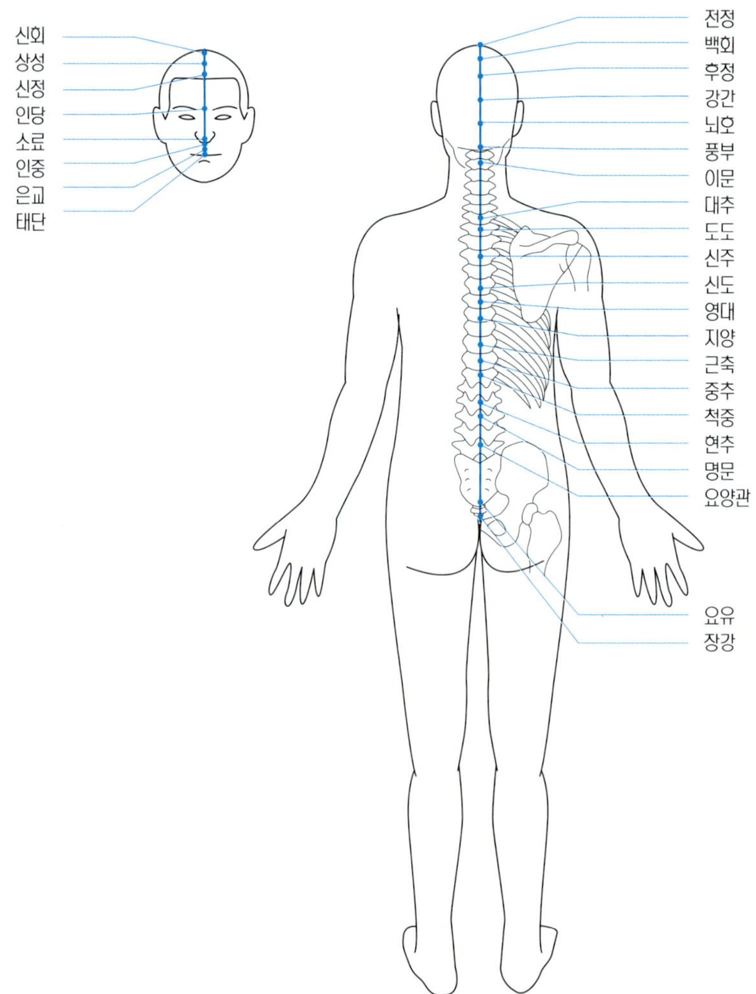

순행

회음에서 시작하여 꼬리뼈와 항문사이를 지나 척주 속을 따라 상행하여 풍부혈에 이르고 뇌로 들어가서 정수리, 이마, 코, 윗입술, 윗잇몸에서 끝난다.

기경팔맥의 종류

- 임맥 : 양경맥을 감독한다.
- 독맥 : 음경맥을 담당한다.
- 충맥 : 12경락의 바다라는 별칭이 있으며 특히 남녀 생식기능과 관련이 있다.
- 대맥 : 허리를 돌며 음양경락을 묶어준다.
- 양유맥 : 모든 양을 이어준다.
- 음유맥 : 모든 음을 이어준다.
- 양교맥 : 전신의 좌·우 양을 주관한다.
- 음교맥 : 전신의 좌·우 음을 주관한다.

제2장 단원 학습 정리

1. 얼굴과 전신 피부의 가장 분명한 차이는 세포의 턴오버(turn over) 주기, 피지선의 활성도 그리고 표피의 두께이다.

2. 인체의 골격계는 약 206개의 뼈 및 이와 관련된 연골들로 구성되어 있으며, 둘 이상의 뼈는 인대 등의 결합 조직에 의해 기능적으로 연결되어 관절을 형성한다. 체중의 약 15%를 차지하며 뼈는 단단한 구성과는 달리 우리 몸의 다른 조직들과 마찬가지로 세포를 가지고 살아있는 결합조직이다.

3. 인체의 근육계는 대략 650여개의 근육들로 이루어져 있으며 체중의 40~45%를 차지하고 근섬유와 결합조직으로 구성되어 있다. 신체의 원활한 운동을 하기 위해 근육에 부착되어 있는 뼈, 관절 등의 구조물들을 움직이거나 고정시킨다.

4. 순환계통의 구성은 혈관계통(vascular system)과 림프계통(lymphatic system)으로 나눌 수 있다. 혈관계는 동맥(artery), 정맥(vein)과 모세혈관(capillary)로 구성되며 림프계는 림프관 (lymphatic duct), 림프절(lymph node)과 독립된 림프기관인 편도(tonsil), 비장 (spleen) 및 가슴샘 (thymus)으로 구성되어 있다.

5. 림프계의 기능

· 림프모세관은 과다한 세포액을 흡수하여 혈류로 되돌려줌
· 소장내의 림프모세관은 단백질과 결합되어 있는 지방을 흡수
· 체내의 림프세포의 생산, 유지 및 분배에 관여
· 병원균에 대항하는 방어를 도움

6. 림프순환경로는 심장 → 대동맥 → 동맥 → 모세혈관 → 조직액 → 림프관 → 가슴관 → 좌림프총관 → 좌쇄골하정맥 → 상대정맥 → 심장 순이다.

7. 경락의 구성은 경맥과 낙맥으로 나뉘며 경맥은 12경맥, 12경별(十二經別), 기경팔맥(寄經八脈)으로, 낙맥은 15낙맥(十五絡脈), 손락(孫絡), 부락 (浮絡), 12경근(經筋)으로 구성되어 있다.

8. 경락의 명칭은 크게 나누면 음경락, 양경락이 되고 이것을 다시 수족(手足)으로 나누면 여섯 개씩 나누어지는데 음 · 양 경락을 모두 합치면 12개가 된다. 12경맥의 명칭은 양경은 양명(陽明), 태양(太陽), 소양(少陽)으로 나누고, 음경은 태음(太陰), 소음(少陰), 궐음(厥陰)으로 나뉘어 각각 사지로 뻗어 있다.

9. 12경맥의 유주순서는 수태음폐경에서 시작하여 수양명대장경 → 족양명위경 → 족태음비경 → 수소음심경 → 수태양소장경 → 족태양방광경 → 족소음신경 → 수궐음심포경 → 수소양삼초경 → 족소양담경 → 족궐음간경의 12경맥을 경과하여 순차적으로 끊임없이 순환한다.

10. 임맥과 독맥은 기경팔맥의 한 부분으로 임맥은 음(陰)을 총괄하며 독맥은 양(陽)을 총괄한다.

단원 종합 문제

1. 전신피부의 특징에 해당되지 않은 것은?
   가. 얼굴피부에 비해 턴오버 주기가 빠르다.
   나. 얼굴피부에 비해 피지선의 활성이 느리다.
   다. 얼굴피부에 비해 전신표피가 더 두껍다.
   라. 얼굴피부에 비해 박테리아 확산이 잘 일어난다.

1. 전신피부는 얼굴피부에 비해 외부 환경에 덜 노출되어 턴오버 주기가 느리다.

답 : 가

2. 성인의 뼈의 수가 잘못 연결된 것은?
   가. 두개골-22개
   나. 척주-28개
   다. 상지골-64개
   라. 하지골-62개

2. 척추는 경추 7개, 흉추, 12개, 요추 5개, 천골 1개, 미골 1개로 총 22개로 구성되어 있다.

답 : 다

3. 근육의 기능으로 옳지 않는 것은?
   가. 체열생산　　나. 운동기능
   다. 보호기능　　라. 자세유지

3. 근육의 기능으로는 능동적 운동, 자세유지, 체열생산, 호흡운동, 소화관운동, 배변활동 등이 있다.

답 : 다

4. 목의 전면에 넓게 펴져 있으며 목의 가장 바깥쪽에서 주름을 만드는 근육은?
   가. 광경근
   나. 흉쇄유돌근
   다. 승모근
   라. 안륜근

4. 광경근은 목의 가장 바깥 근육으로 주름을 만들고 경정맥의 압박을 완화시킨다.

답 : 가

5. 림프의 기능이 아닌 것은?

가. 조직액을 혈액으로 돌려 보낸다.

나. 신체방어작용을 한다.

다. 림프절에서 림프구를 생성한다.

라. 적혈구를 생산한다.

5. 혈액은 골수에서 생성된다.

답 : 라

제3장

전신 미용관리의 이론과 실제

제3장
전신 미용관리의 이론과 실제

01. 몸매 분석하기

몸매파악이란 현재 신체부위를 파악하여 문제점 분석을 하고 체형을 분류하여 몸매관리에 적용하기 위한 것으로 파악한 결과를 분석표 작성하고 프로그램을 기획하는 데 활용하고자 하는 단계이다. 몸매분석하기는 문진 · 견진 · 촉진을 통해 몸매를 파악한 후 분석표를 작성하여 프로그램을 준비하는 능력이다(NCS 피부미용 능력단위 1201010215_16v3).

능 력 단 위 요 소	수 행 준 거
1201010215_16v3.1 몸매파악하기	1.1 고객의 현재 몸매상태를 육안으로 파악할 수 있다. 1.2 문진, 견진, 촉진을 통해 선천적 몸매와 잘못된 습관에 의해 만들어진 몸매를 구분할 수 있다. 1.3 몸매 문제점을 파악하고 체형의 특징을 분류할 수 있다. 1.4 몸매관리 목적에 맞는 기기와 기구 및 제품을 선택할 수 있다.
1201010215_16v3.2 몸매분석표 작성하기	2.1 문제된 체형을 파악한 후 분석표를 작성할 수 있다. 2.2 몸매부위의 사이즈를 잰 후 분석표를 작성할 수 있다. 2.3 분석표 결과에 따라 평가하고 체형별로 구분할 수 있다. 2.4 몸매분석표를 작성 후 관리 프로그램을 계획할 수 있다.

[몸매 분석의 내용]

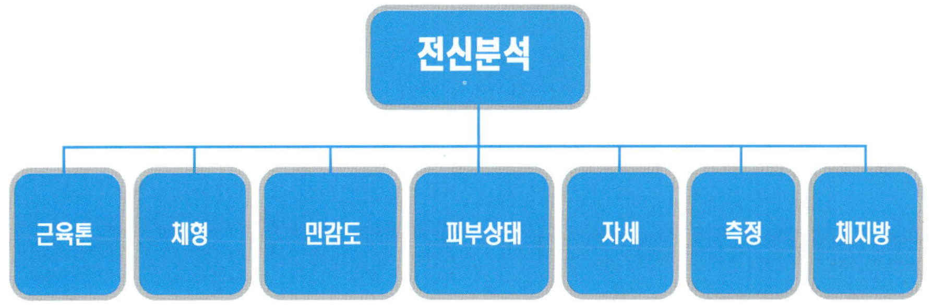

1. 근육톤

근육이 활동을 하면 근육의 길이가 짧아지면서 단단해지게 된다. 이런 과정을 거쳐서 근육톤이 생기게 된다. 근육톤은 근육의 탄력섬유의 긴장을 반영한다고 볼 수 있다. 고객의 근육톤을 살펴본 후 운동의 여부 등을 고객에게 물어보고 근육의 톤을 예측한다. 피부근육을 잡아당겨서 조직의 견고함이 느껴지면 근육톤이 좋은 것이고, 부드럽게 느껴지면 근육톤이 나쁜 것이다.

2. 바디타입

'배엽'(胚葉 · germinal layer)은 사람을 포함한 동물의 수정란이 발생, 성장하는 과정에서 세포분열을 거듭할 때 나타나는 3개 세포층인 내배엽, 중배엽, 외배엽을 총칭하는 말이다. 그중 내배엽은 3개 배엽 가운데 가장 안쪽에 위치한 것으로, 나중에 소화기관, 배설기관 등이 여기에서 분화돼 만들어진다. 반면 외배엽은 3개 배엽 가운데 가장 바깥쪽에 위치한 층으로, 우리 몸의 신경조직과 피부조직으로 발달하는 곳이다. 그리고 내배엽과 외배엽 중간에 위치하는 중배엽에서는 결합조직 성분인 뼈, 연골, 근육 등이 만들어진다.

이 배엽을 근거로 외배엽형, 중배엽형, 내배엽형 3가지 바디타입으로 나뉘어진다.

1) 외배엽형(Ectomorphs)

외배엽형은 태생기 외배엽에서 발생하는 조직인 신경조직과 피부조직이 발달한 경우다. 이 유형에 속하는 사람은 마르고 날렵한 몸매를 유지하지만 근육량이 부족해 그다지 매력적인 몸매를 과시하지 못한다.

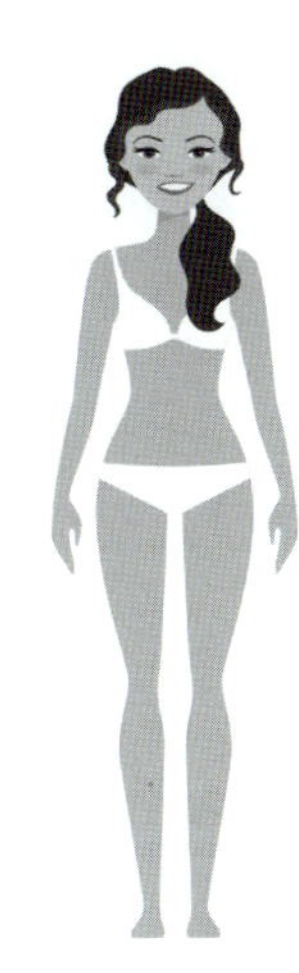

외배엽 특징

- 음식섭취가 까다롭고, 육류를 기피하고, 자주먹는 습관이 있다.
- 외배엽 체형은 가슴과 어깨가 좁고 몸통에 비해 긴 팔과 긴다리 그리고 가는 손과 발을 가지고 있다.
- 신체 구성은 지방량이 매우 적고 아무리 많이 먹어도 몸의 지방량이 잘 늘지 않으며 근육이 길고 얇은 것이 특징이다.
- 골격구조도 가늘고 길며 체내의 근육량도 적어 체중이 쉽게 늘지 않고 근육량을 늘리는데에도 시간이 많이 걸린다.
- 신진대사율이 매우 높으며 장의 길이가 짧기 때문에 음식물을 섭취했을 때 영양분을 저장하기 어렵다.
- 근육과 근력을 형성하기가 매우 어려운 체형이다.
- 외배엽 체형은 근육량을 늘리는 것이 어렵기 때문에 인내심을 가지고 오랜기간을 거쳐 체중을 늘릴 수 있도록 해야한다.

2) 중배엽형(Mesomosphs)

중배엽형은 뼈대가 굵고 근육과 골격이 잘 발달한 체형으로 널따란 어깨, 잘록한 허리에 태생적으로 신진대사가 활발한 경우다. 전형적인 운동가형인 중배엽형은 운동을 조금만 해도 체중 조절이 잘되고, 신진대사율이 높아 맛있는 음식을 상대적으로 자유롭게 즐길 수 있다. 체중 변화가 많지 않고, 체지방율이 낮으며, 복근이 선명한 이상적인 조건을 지닌다.

중배엽 특징

- 음식섭취하는 것을 즐기며, 규칙적인 식습관을 가지고 있다.
- 하지만 종종 과식을 하기도 한다.
- 중배엽 체형은 넓은 가슴과 긴 척수 단단한 근육구조와 강한 근력을 가지고 있다.
- 근력과 근육을 필요로 하는 운동에 유리하고 특히 보디빌더에 적합한 몸이다.
- 근육의 질이 좋고 똑같이 자극을 주어도 다른체형에 비해 근육이 더 많이 발달할 수 있다.
- 그리고 몸의 전체적인 비율이 좋으며 특히 어깨와 허리의 비율이 알맞다.
- 중배엽은 좋은 신체조건을 가지고 있기 때문에 조금만 관심을 기울여 운동하면 다른 체형에 비해 짧은 시간내에 멋진 몸을 만들 수 있다.

3) 내배엽형(Endomorphs)

내배엽형은 신체 가운데 태생기 내배엽에서 기원한 내장, 그중에서도 소화기관이 잘 발달한 경우다. 여기에 속하는 사람은 둥근 얼굴에 큰 몸집을 지니며, 특히 몸 중앙 부위에 지방축적이 많은 전형적인 비만체질이다. 성격적으로는 보통 느긋한 기질을 보이며 사교성이 풍부한 편이다.

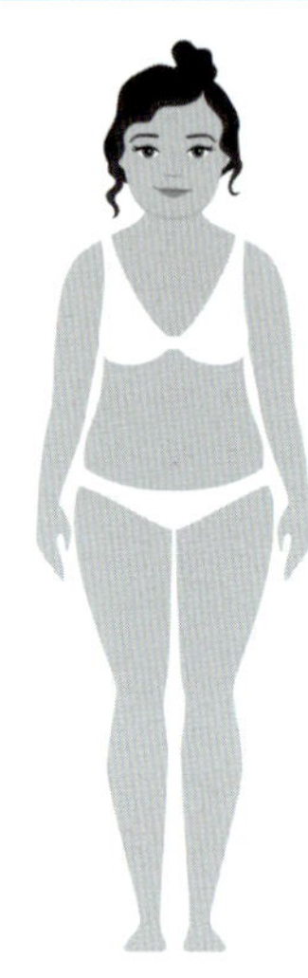

내배엽 특징

- 자극적인 음식을 섭취하는 경향이 있으며, 불규칙한 식사습관을 가지고 있다.
- 많은 양의 음식물을 섭취한다.
- 내배엽 체형은 골격이 크고 넓은 편이며 오랜기간동안 운동을 하게 되면 어마어마한 근육이 생기기 쉽다.
- 신진대사가 느리기 때문에 지방연소가 어렵고 운동을 해도 근육이 잘 드러나지 않는다.
- 또한 부드러운 근육조직을 갖고 있으며 몸무게와 체지방이 쉽게 증가하는 편이다.
- 내배엽처럼 덩치가 있고 신체골격이 장대한 사람은 살이 찌기 쉽다.
- 운동에 대한 반응효과가 높아 근육만들기는 어렵지 않지만 지방이 축적되기 쉽다.
- 그렇기 때문에 체지방과 함께 체중을 감량하는데 엄청난 노력이 필요하다.

3. 민감도 측정

1) 온도 감각 측정(Hot and cold)

이 테스트는 고객의 온도에 대한 민감도를 알아보는 것이다. 뜨거운 물과 차가운 물이 들어있는 물주머니나 볼을 준비한 후 각각의 느낌을 말하도록 한다. 만약 고객이 온도의 차이를 느끼지 못한다면 냉온에 대한 감각을 잃어버린 것으로 관리를 진행할 수 없다. 특히 이 테스트는 바디갈바닉 기기를 이용하여 트리트먼트를 해야 할 때는 반드시 확인해야 한다.

2) 딱딱한 것과 부드러운 것 측정(Hard and soft)

이 테스트는 화장솜과 스파튤라로 자극을 준 후 부드러운 것과 딱딱한 것을 구분할 수 있는지를 알아보는 것이다. 만약 두 개의 감각의 차이를 느끼지 못한다면 관리를 진행하기 어렵다.

3) 알러지 테스트(Allergy tests)

이 테스트는 고객의 알러지 유발 상태를 알아보는 것이다. 적은 양의 제품을 고객의 피부에 바른 후 24~48시간 후의 피부반응 상태를 본다. 만약 빨갛거나 자극적인 반응이 나타났다면 관리 시에 해당제품을 피하여야 한다.

4. 전신피부 상태

셀룰라이트, 튼살, 지방의 분포상태, 체액정체현상, 혈액순환부진, 불규칙한 피부상태, 색소침착, 건조 등의 바디 피부의 상태는 피부를 만져보거나, 눈으로 확인하거나 질문을 통해서 확인한다.

1) 셀룰라이트

셀룰라이트는 피부 표면이 오렌지 껍질처럼 울퉁불퉁해진 상태를 일컬으며 사춘기 이상의 여성 90%에서 나타나며 남성에게서는 거의 나타나지 않는다. 아주 마른 여성에게서도 나타난다는 점에서 비만과 다르다. 셀룰라이트를 이루는 지방은 정상적인 지방의 기능을 상실하여 생명을 유지하는 에너지원이 되지 못한다. 셀룰라이트는 피하지방이 있는 어느 부위에서도 나타날 수 있지만, 주로 허벅지의 바깥쪽, 허벅지의 뒤쪽, 엉덩이 부위에 주로 생긴다. 그 밖에도 유방, 아랫배, 팔, 목덜미에도 생긴다. 이 부위들은 주로 여성형 지방 축적 양상을 보이는 부위들이다.

단계	0 단계	1 단계	2 단계	3 단계
형태				
증상	지방세포와 혈관의 신진대사 원활	지방세포수 증가, 림프 순환저하- 노폐물 배출 저하로 모세혈관벽 체액정체	지방세포 미세결절 형성	미세결절이 많아지고 뭉쳐서 신경세포 압박 통증 유발
육안 방법	· 서 있거나 누워있거나 피부표면으로 아무런 변화가 없는 상태 · 엄지로 검지로 피부를 집어 보는 핀치 테스트로도 변화없는 상태	· 서 있거나 누워있거나 피부표면으로 아무런 변화가 없는 상태 · 엄지로 검지로 피부를 집어 보는 핀치 테스트를 했을 때 피부표면이 우둘투둘한 상태	· 서 있을 경우 아무런 자극을 주지 않아도 표면이 매끄럽지 않은 상태 · 누워있는 경우 변화없는 상태	· 서 있거나 누워있거나 표면이 오렌지 껍질처럼 울퉁불퉁한 상태

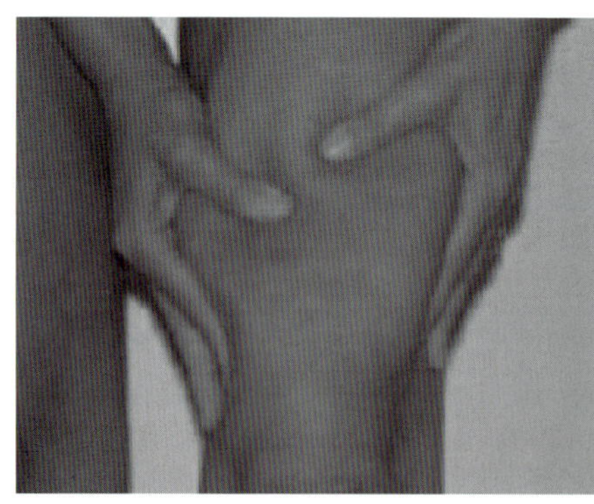

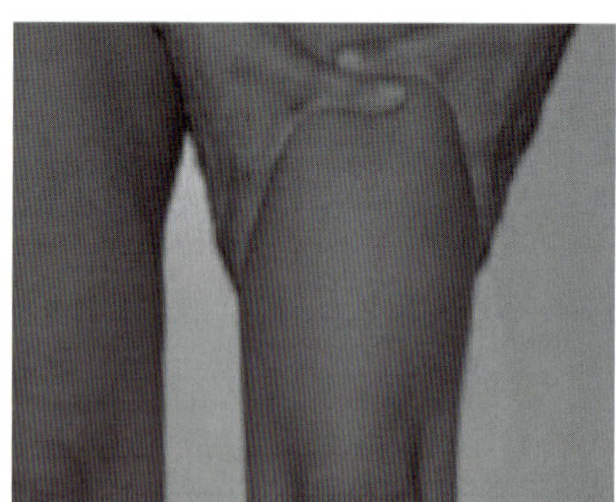

(a) A pinch test

(b) Distention test

[그림3-1] 셀룰라이트 측정방법

2) 튼살

튼살은 피부 위축으로 초기에는 분홍색을 보인 후 점차 자줏빛으로 변하게 되며 시간이 지날수록 창백한 색을 나타낸다. 피부에 남는 일종의 흉터로 생각되고 있으며, 임신이나 사춘기와 같은 짧은 기간 동안에 과도한 피하지방의 축적이나 체중증가, 빠른 성장으로 인한 피부의 급격한 팽창과 관련되는 것으로 나타나고 있다. 주로 복부와 유방, 대퇴부, 종아리, 팔의 윗부분, 엉덩이 등에 자주 나타나는 것으로 알려져 있다.

튼살의 원인에 대해서는 아직까지 정확히 밝혀져 있지 않았지만 여러 가지 이유로 피부의 진피 성분 중에 콜라겐이 파괴되고 탄력섬유가 변성돼 발생하는 것으로 알려져 있다. 비만과 임신, 청소년기의 급속한 성장 등에 의해 피부 표면이 갑자기 늘어나는 상태에서 진피 내 교원섬유와 탄력섬유가 변성된 것이다

튼살 흉터는 초기에 붉은 빛을 띠지만 시간이 지남에 따라 점차 진피 내부 조직이 위축돼 표면상 희게 변하게 된다. 붉은 기가 있는 초기단계에 치료해야 개선이 빠르고 환부가 흰색으로 변해버린 후기단계에서는 초기에 비해 치료가 더딘 편이다.

3) 체액정체 및 혈액순환부진

(1) 체액의 분포 및 기능

체액은 체중의 60~70%를 차지하고, 세포내(40%) 및 세포외(20%)에 존재하며 끊임없이 이동한다.

가. 세포외액(Extracellular Fluid, ECF)

혈장액(Plasma water), 간질액(Interstitial Fluid, ISF), 체강액(Transcellular fluid, 위장분비액, 뇌척수액, 늑막강액 등)으로 구성

나. 세포내액(Intracellular Fluid, ICF)

체중의 40%, 세포내의 화학적 반응을 원활하게 하는 수성 매개물로 기능하며, 인체의 구조물을 구성함

[표3-1] 세포내액과 세포외액

종류	세포내액	세포외액
분포	세포내에 존재	간질액, 혈장, 세포간액
차지비중	총 체액의 2/3, 체중의 40%	총 체액의 1/3, 체중의 20%
기능	· 세포내의 화학적 반응을 원활하게 하는 수성 매개물로 기능 · 인체이 구조물을 구성함	· 세포에 영양분, 수분, 전해질 등을 공급하며 노폐물을 제거 · 혈장은 폐에서 모세혈관으로 산소를 운반하고 이산화탄소를 폐포로 되돌림 · 간질액의 구성성분인 림프액도 세포로부터 노폐물을 운반하고, 최종적으로 혈관을 통해 혈액순환으로 되돌려 보냄 · 세포대사를 위한 용매(물)의 역할 · 전해질 농도를 유지시켜 세포기능을 원활하게 함 · 관절과 세포막의 윤활과 쿠션기능 · 체온조절

(2) 전해질

모든 체액은 전류를 전도할 수 있는 화학적 성분인 전해질을 포함한다. 전해질은 양전기를 띠는 양이온과 음전기를 띠는 음이온으로 구분

① 신경, 근육의 흥분성을 증가시킴

② 체액량과 삼투질 농도를 유지시킴

③ 체액구간에 체액을 분배시킴

④ 산-염기 균형 조절

4) 전신피부의 기타 증상

보통 얼굴에 나타나는 문제들은 전신피부에도 비슷하게 나타나는 경향이 있다. 전신피부에 나타내는 문제점은 여드름, 과색소침착, 모공각화증, 아토피 피부염과 같은 증상이 나타날 수 있다.

(1) 전신피부 여드름

전신피부 여드름은 흔히 10대들에게 많이 볼 수 있고, 습한 기후에서 자주 발생한다. 과각화된 전신피부는 여드름균이 빠르게 확산될 수 있는 좋은 환경을 만든다. 각질제거를 자주하

고, 염증을 감소시키되 청결한 상태를 유지하도록 해야 한다. 여드름을 없애기 위해 수분을 유지하는 것도 중요한 팁이 된다. 살리실릭산(salicylic acid)과 다른 항염성분들, 그리고 각질용해 성분들은 세포의 영향과 모낭 안에서 염증을 감소시키며 박테리아로 인한 여드름 확산을 조절한다.

(2) 과색소침착

이것은 흔히 손, 팔, 가슴에 생긴다. 매일 자외선에 노출되지만 전신피부는 선스크린을 사용함에 있어서 방치되기 때문에 과색소침착으로부터 자유로울 수 없다. 기미는 얼굴에만 나타난다고 생각할 수 있지만 팔뚝에도 나타나고, 특히 염증이 났던 부위에는 과색소침착이 더 잘 나타날 수 있다. 아하(AHAs)와 트리클로로아세트산(trichloroacetic acid, TCA)와 같은 화학적 필링의 결합은 이런 트리트먼트를 위해 좋으며, 전신피부 의 두께 때문에 더 높은 %의 활성 성분들도 사용될 수 있다. 홈케어 제품에는 하이드로퀴논, 코직산, 아젤라익산이 포함되면 좋다. 트리트먼트와 함께 홈케어 제품을 적절하게 결합하면 색소침착에 훌륭한 효과를 볼 수 있다.

(3) 모공각화증

모공각화증은 주로 허벅지 윗부분이나 팔의 뒤쪽, 엉덩이에서 흔히 볼 수 있으며 겨울에 더 자주 나타나는데 그 모양이 작고 거친 텍스처로 튀어나온 형태이다. 이것은 모공 주변의 세포가 구멍을 메우려는 성질을 가지고 있기 때문이다. 모공각화증의 가장 좋은 방법은 보습과 각질제거 성분을 포함한 모이스처라이징 로션의 사용이다. 다시 말해 바디 피부는 더 두껍고 염증에 덜 노출되고 락틱산과 같은 더 높은 함량의 애시드를 사용할 수 있기 때문에 뚜렷한 과각질을 감소시킬 수 있다.

(4) 아토피 피부염

일반적으로 무릎 뒷면, 팔꿈치 안쪽, 얼굴에 발생하는 아토피 피부염은 몸 어디에서나 생길 수 있다. 갑자기 아토피가 생겼다면 스트레스나 샴푸, 비누 같은 자극에 의한 것일 수 있다. 건조함, 붉음증, 가려움, 통증, 진물 등이 흔히 나타날 수 있다. 종종 알러지와 함께 발생하기도 한다. 항염제는 수분을 제공하고 혈관에 도움을 준다. 극심한 경우에는 의사의 진료를 받도록 한다. 아토피 피부염은 AHAs, 바하(BHA) 그 외 다른 성분들이 수분 유지를 돕고 세포의 턴오버를 촉진할 수 있다.

(5) 켈로이드(keloid)

흉터는 상처나 부스럼 따위가 나은 뒤에 남는 자국으로 질병이나 손상에 의해 피부 진피와 심부에 생긴 결함을 메꿔 주는 새로운 결체 조직의 생성으로 피부의 정상 치유 과정이다. 다행히 피부에 생긴 손상이 표피에만 국한된다면 흉터가 남지 않겠지만, 진피 이하 부위가 손상되면 흉터가 남게 된다. 즉, 진피의 깊은 부위에 손상이 생기면 피부는 회복을 위한 새로운 결체조직을 생성하고 비록 정상적인 주변 피부와는 똑같지는 않겠지만, 약 70-80% 정도의 회복 효과가 나타난다. 켈로이드는 피부 손상 후 과도한 조직 반응에 의한 증식성 섬유조직이 성장하여 단단하고 반질한 표면을 가진 불규칙한 모양의 홍반성 융기물로 나타나며, 시간이 지남에 따라 갈색으로 변하고 딱딱해지게 된다. 주로 얼굴, 귀, 어깨에서 나타나지만, 앞가슴, 등 위쪽을 포함한 양쪽 어깨 끝과 명치 사이 구역이 켈로이드가 잘 생기는 부위이다.

또한 외상이나 염증으로 조직이 손상되면서 생긴 움푹 들어간 형태의 흉터를 위축성반흔이라 한다. 즉, 정상조직이 손상되어 주변의 피부 높이보다 낮아서 흉이 보이는 것으로 여드름 흉터가 대표적인 예이다.

[표3-2] 전신피부 상태별 원인과 관리방법

바디 상태	원인	조언
셀룰라이트	· 좌식 생활습관 · 질 낮은 식이 · 낮은 기초대사량 · 림프순환부진	· 금주, 금연 · 과도한 음식 섭취 · 규칙적인 운동 · 매일 바디제품 사용 · 충분한 물 섭취
근육탄력저하	· 과도한 다이어트 · 운동부족	· 균형잡힌 식사 · 규칙적인 운동
튼살	· 갑작스런 체중증가	· 매일 바디제품 사용 · 규칙적인 식사 · 아연, 비타민 B6와 C 섭취 권장
혈액순환부진	· 과도한 가공식품 섭취 · 고염도 식사 · 부족한 물 섭취 · 질병	· 규칙적인 식사 · 저염도 식사 · 충분한 물 섭취
불규칙한 전신피부	· 다양한 원인 · 켈로이드 · 여드름 · 색소침착	· 각 원인별 다양한 관리방법 조언

5. 자세

1) 좋은 자세와 나쁜 자세

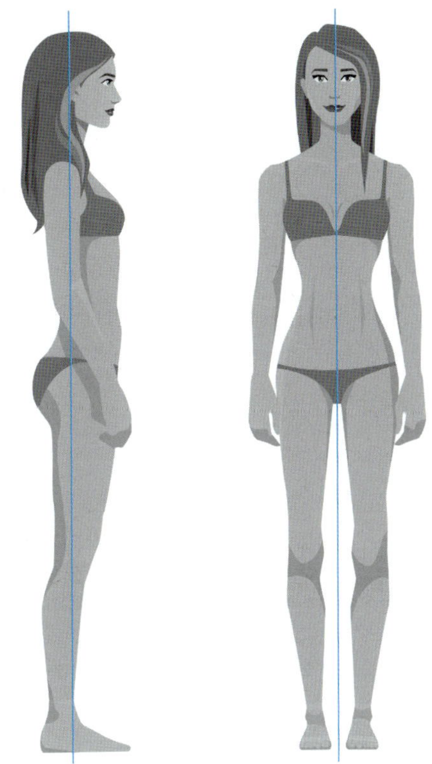

[그림3-2] 좋은 자세

좋은 자세는 턱 끝이 바닥과 수평을 이루고, 가슴은 펴서 어깨를 편안히 한 채로 아랫배를 당긴 자세이며, 나쁜 자세는 뻣뻣하게 경직되거나 듯 구부정한 자세, 등이 굽은 자세(척추전만증), 어깨가 축 처진 자세(척추후만증), 등이 구부정하고 어깨가 축 처진 자세(척추측만증)이다.

척추는 우리 몸의 대들보를 이루며 중심 역할을 하는 주요 기관이다. 목에서 엉덩이까지 26개의 크고 작은 뼈와 각 뼈 사이에 쿠션 역할을 하는 디스크(추간판)로 구성되어 있다. 옆에서 보면 S자 모양으로 굴곡을 이루고 있어야 하며 척추의 중심으로는 뇌에서 신체의 각 부분으로 가는 신경이 지난다. 이 신경들은 척추뼈사이로 빠져 나와 신체 모든 장기, 근육, 혈관, 인대, 피부로 분화해 우리의 모든 감각, 움직임, 자세, 체온, 심장박동, 호흡, 혈당유지 등 신체기능을 담당한다. 척추를 지나가는 척수신경이 압박을 받게 되면 신경계에 심각한 장애가 발생하게 되는 것이다. 척추 질환을 일으키는 주요 원인에는 장시간의 심한 노동, 잘못된 자세, 편향된 근육 사용, 갑작스러운 움직임, 장거리 운전 등을 들 수 있다.

(1) 척추측만증(Scoliosis)

정면에서 일직선상 똑바로 보이는 척추가 우측 혹은 좌측으로 휘어져 있는 모습을 말하며, 휜 각도가 10도 이상 일 때 척추측만증이라고 한다. 측만증이란 척추의 관상면상에 있어서 좌측 또는 우측으로 휜 상태로서 대다수의 척추 측만증 환자에서는 여러 가지 검사를 해도 척추가 휜 원인을 발견하지 못한다. 이와 같이 원인을 찾지 못하는 경우 특발성 측만증(idiopathic scoliosis)으로 분류하며 전체 척추측만증의 약 85%를 차지하고 일반적으로 척추 변형 이외의 다른 전신적인 문제가 없는 건강한 아이에서 발견된다.

(2) 척추후만증(Kyphosis)

요추가 아무런 굴곡 없이 일자로 꼿꼿한 상태를 말한다. 요추가 후만 되면 척추가 외부 충격을 흡수하기 어려워진다. 또한 요추의 디스크와 주변 근육 및 인대를 약화시키므로 요통 등 통증을 발생시킨다.

(3) 척추전만증(Lordosis)

척추전만증은 허리디스크를 유발할 수 있는 전 단계로 척추전만증의 자가 진단방법으로는 바닥에 똑바로 눕거나, 벽에 똑바로 기댄 후 허리 부위에 손을 넣었을 때 수월하게 들락거릴 정도로 심하게 허리가 앞쪽으로 휘어지는 경우나 뱃살도 별로 없는데 배가 많이 나와 있는 것처럼 보이는 경우, 똑바로 서 있어도 배를 앞으로 쑥 내밀고 서 있는 형태로 보이는 경우에 의심을 할 수 있다.

[표3-3] 척추질환별 원인과 관리방법

구분		특징	원인	관리방법
척추측만증	Scoliosis	척추가 한쪽 옆으로 C자나 S자 모양으로 휘어져 있는 상태	· 가방을 한쪽으로 매는 습관 · 서 있을 때 한쪽 다리에만 힘을 주는 자세	· 좋은 자세에 대해 고객에게 설명 · 하체부위의 이완 트리트먼트 · 상체부위의 탄력 트리트먼트
척추후만증	Kyphosis	가슴부위의 근육은 수축되어 있고, 척추의 등 부위 근육은 이완되어 있는 상태	· 여성의 경우 큰 유방 · 회사원 · 운전기사 · 무거운 짐 이동 · 큰 키	· 좋은 자세에 대해 고객에게 설명 · 등 부위는 탄력 트리트먼트 · 가슴부위는 이완 트리트먼트 · 견갑골 부위 트리트먼트
척추전만증	Lordosis	요추부위의 만곡이 증가한 상태	· 임신 · 하이힐 · 체조선수 · 발레리나 · 키가 커보이도록 노력하는 경우	· 좋은 자세에 대해 고객에게 설명 · 복부의 근육탄력 증가 · 요추부위의 이완 트리트먼트 · 등 부위의 스트레칭

6. 몸매의 측정

1) 체질량지수로 보는 비만 기준

체중(kg)을 신장(meter)의 제곱으로 나눈 값인 체질량지수는 세계적으로 통용되는 비만도 판정의 기준이며, 대다수 인구 집단에서 체지방량과 상관관계가 높아 체중 및 신장을 이용한 지수 중 가장 널리 사용되는 방법이다.

세계보건기구에서는 인종이나 성별과 관계없이 체질량지수 25 kg/m^2 이상을 과체중, 30 kg/m^2 이상을 비만으로 정의하였다. 그러나 한국인을 포함한 아시아인들의 경우 체질량지수 25 kg/m^2 이하에서도 당뇨병 및 심혈관계질환 위험이 증가하며, 동일한 체질량지수에서 서양인에 비해 상대적으로 복부지방과 체지방률이 높아 체질량지수 30 kg/m^2 이상을 비만으로 정의할 때 동양인에서 비만관련건강위험을 과소평가하게 될 우려가 있다.

체질량지수는 체중과 신장만으로 결정되기 때문에 체지방 뿐 아니라 근육량의 변화도 반영한다. 그러므로 바디빌더 등 근육량이 많은 경우 체지방이 많지 않아도 비만으로 진단될 수 있다는 문제점이 있다. 흡연자나 근육량이 부족한 노인, 임산부, 수유부, 척추측만증 환자의 경우 체질량지수와 체지방량의 상관관계가 감소한다. 체질량지수가 낮은 경우(18.5~24.9 kg/m^2)에는 체지방량을 충분히 반영하지 못하는 제한점이 있다. 반면에 체질량지수가 25 kg/m^2 이상, 특히 30 kg/m^2 이상인 경우에는 체지방량이나 건강위험도의 정도를 훨씬 잘 반영한다.

정확한 체질량지수를 구하기 위해 체중은 8시간 금식 후 소변을 본 후 최소한의 복장에서 신발을 벗고 측정하며, 비만도가 높을수록 체중의 일중 변동이 크므로 항상 일정한 시간에 동일한 조건에서 측정한다. 신장은 발뒤꿈치는 붙이고 발은 60도 간격으로 벌린 상태에서, 가능한 머리, 어깨뼈, 엉덩이, 발뒤꿈치를 벽에 붙이고 숨을 깊이 들이쉰 상태로 측정한다. 체중과 신장 모두 소수점 한자리까지 측정함을 원칙으로 한다.

체중 측정을 통한 적정 체중의 판정방법

비만 지수 = 현재 체중 ÷ 표준 체중 × 100

※ 표준 체중이란 현재의 자산의 키에 알맞는 체중 범위로 (키-100)×0.9로 구할 수 있습니다.

체질량 지수를 통한 과체중의 판정 (Body Mass Index : BMI)
체중(kg)을 키(m)의 제곱으로 나눈 지표로 가장 널리 이용되고 있다. 또한 체지방과의 상관관계가 높고 비만으로 인한 질병 발병률과도 관련성이 높아 아주 유용한 지표이다.

BMI = 체중(kg)/신장(m)2

BMI에 의한 비만 판정

구분	WHO기준(미국)	한국
정상	18.5~24.9	18.5~22.9
과체중	25~29.9	23~24.9
경도비만	30.34.9	25~29.9
중등비만	35~39.9	30~34.9
고도비만	40↑	35↑

체지방률을 통한 과체중의 판정
적정체중, BMI지수가 기준치에 있다고 하더라도 체지방률의 비율에 의해 "마른 비만"판정을 받을 수 있다. 중요한건 몸무게가 아니라 건강한 체성분률 임을 잊지 말 것! 체지방률은 체성분 분석기를 이용해 측정 가능하며 각 시, 도 보건소에서 무료로 측정이 가능합니다. 이란적으로 성인 남자의 경우 체중의 25% 이상, 여자의 경우 30% 이상인 경우 비만으로 간주한다.

체지방률 판정법

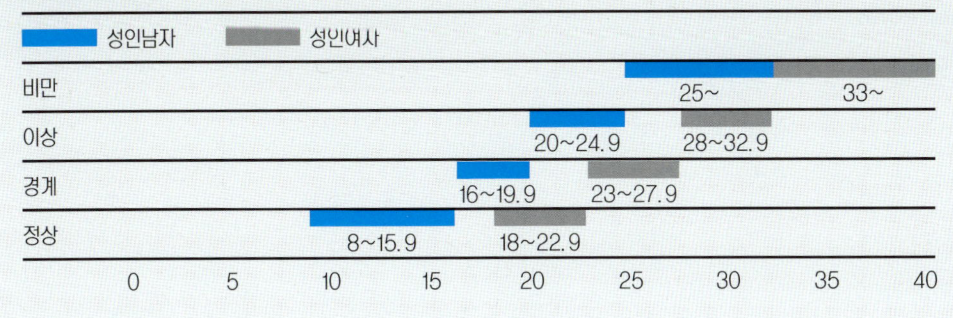

[그림3-3] 비만판정방법

2) 체지방

체지방은 추출 가능한 모든 지방을 의미하며 인체가 움직일 수 있는 에너지를 저장하여 제공해주는 역할을 한다. 제지방은 에너지를 소모하고 인체의 기능을 유지하는 역할을 하며, 이를 더 세분하면 체수분, 단백질, 무기질로 구분된다.

체수분은 대부분 근육 조직을 형성하는 세포에 함유되어 있어 건강한 사람의 신체 근육은 70%이상의 수분을 함유하고 있는 반면에 무기질과 체지방에는 수분이 미소량만 함유되어 있다. 체수분은 우리 몸에 가장 많은 체성분으로 체중의 약 50~70%를 차지하고 있으며, 우리 몸의 모든 세포와 체액에 분포되어 있다. 체수분은 생명을 유지하는데 필요한 체액 중 가장 필수적인 성분으로 이들 체수분의 균형은 곧 건강의 기본 척도이다. 우리 몸의 대부분의 수분은 지방이 없는 조직에 포함되어 있으므로 사람들 마다 체수분의 차이가 크다.

성인이 되면서 점점 증가하여 정상적인 경우 남자으로 15~18%, 여자에서는 20~25%의 체지방을 갖게 된다. 소아에서는 체지방량이 남자의 경의 15% 이상, 여자에서는 20% 이상일 때 비만으로 평가를 하고, 성인에서는 체지방률이 남자 25% 이상, 여자 30% 이상일 때 비만으로 간주한다.

02. 고객 상담

고객 상담은 피부미용사가 고객에 대한 정보를 얻으므로서 적절한 트리트먼트 계획을 세우는데 도움을 준다. 고객에게 공감하면서도 전문가적인 자세를 가지고 상담할 경우 고객에 대한 신뢰도를 확보하고 자신감있는 자세로 고객과 유대감 형성에 좋다. 고객이 가지고 있는 문제에 대하여 충분히 논의되었을 때 실제 트리트먼트의 목적이 분명해지고 좋은 효과를 얻을 수 있다.

1. 상담과정

[그림3-4] 상담과정

2. 상담의 방법

(1) 좋은 대화 기술

- 언어적 · 비언어적 모두 사용
- 안정적인 언어톤으로 어려운 말을 사용하지 말 것
- 관리목적을 정확한 음성으로 말하면 신뢰를 구축

- 비언어적으로는 바른 자세, 눈맞춤, 미소와 공감능력이 중요

(2) 좋은 질문 기술

- 고객에 대한 정보를 많이 수집할수록 적합한 관리 가능
- 간결하고 명확한 질문
- 관리목적에 맞는 핵심 질문
- 개방형 질문

예를 들면 "전에 바디기계로 관리를 받아 본 적이 있습니까?"
"고객님이 가장 원하는 관리방법은 무엇입니까?"
"관리를 얼마나 받을 수 있습니까?"
"오늘 어느 부위를 집중적으로 관리받기 원하십니까?"
"관리를 받기 위해서 얼마에 한번 씩 방문이 가능하십니까?"
"이전에 관리 받으신 후 결과는 만족하십니까?"

Tip 1. 고객상담의 필수 조건 - ENCOURAGES

- Eye contact - 적당한 정도의 눈 마주치기를 유지하라
- Nod one's head - 고개에게 공감을 적절히 하라
- Contrast - 차이를 인식하고 존중하라
- Open - 고객를 향해 열린 자세를 유지하라
- Um - "음" 등의 인정하는 언어를 적절히 사용하라
- Relax - 편안하고 자연스럽게 자세를 취하라
- Avoid - 주위를 다른 곳으로 돌릴 수 있는 행동은 피하라
- Grammar - 고객의 문법적인 스타일에 맞추어서 반응하라
- Everything - 음성적 메시지와 비음성적 메시지를 모두 주목하라
- Space - 적절한 공간을 사용하라

(3) 견진 및 촉진

- 견진을 통해 고객의 자세나 바디 상태 등을 확인하고, 기계를 사용하거나 적절한 관리 프로그램을 선정

– 촉진을 통해 고객의 근육톤을 확인한 후 우선적으로 필요한 관리프로그램을 추천

(4) 기타 참고사항

– 고객의 관리 경력을 통해 전에 기록한 관리카드나 관리 종류, 사용 제품 등을 확인
– 이전에 복용했던 약물이나 주의사항 등을 다시 기록하고 확인
– 상담과정에서 고객의 나이, 환경, 거주지, 성별과 신체적 · 정신적 문제점 등을 정확히 파악

(5) 잘못된 상담으로 인한 문제점

– 관리사가 고객의 요구를 정확히 파악하지 못함
– 고객은 관리사의 서비스를 받는 동안 편안하지 않음
– 고객에게 관리사가 전문적인 인상을 주지 못함
– 필요한 정보의 부족으로 관리사가 서비스를 하는 동안 자신감이 결여됨
– 고객은 결과에 불만족
– 만약 고객의 중요한 정보(약물 복용 등)를 놓쳤을 경우 심각한 문제 초래
– 재티켓팅의 어려움
– 살롱에 대한 나쁜 이미지 확대

Tip 2. 상담카드에 기록될 사항들

· 개인의 신상명세 · 개인병력 · 사용금지 약물 · 관리목적과 비용
· 앞으로의 관리 계획 · 고객서명
· 최근 고객이 사용한 바디제품 · 최근 고객이 관리받은 방법(강도, 시간, 테크닉 등)
· 고객이 사용하고 있는 모든 제품 · 고객의 바디피부상태 및 근육톤
· 자세의 특징 · 생활습관 · 고객의 육체적 특징 · 판매한 제품

3. 고객카드의 작성을 통한 관리계획 수립과정

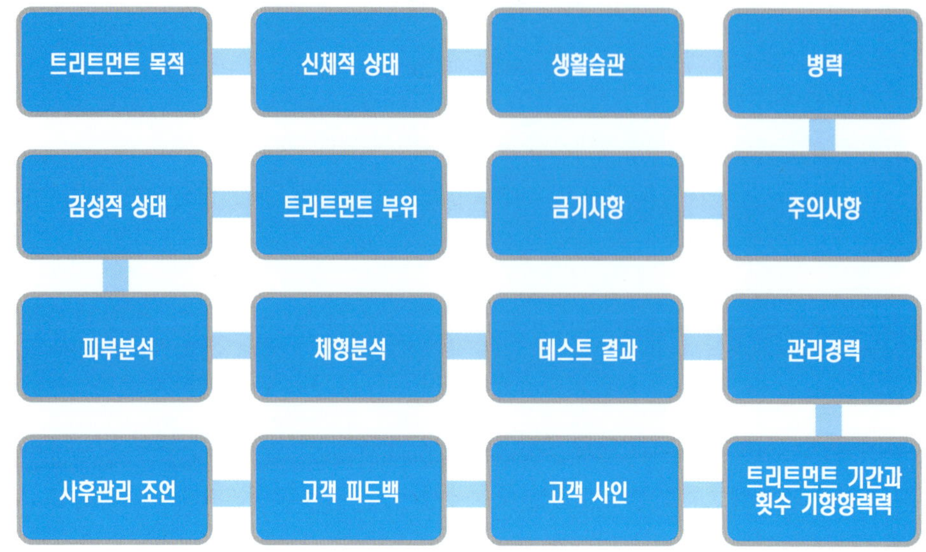

[그림3-5] 관리계획 수립 과정

(1) 관리목적

관리목적은 고객의 요구사항 안에서 계획되어야 한다.

관리를 통해서 피부상태가 좋아지고, 근육톤 등이 증진될 수 있어야 한다.

예를 들어 고객이 원하는 것은 근육톤을 증진시키는 것이였는데 결과는 피부상태가 좋아진 것이라면 이것은 효과적인 관리가 아닌 것이다.

관리목적의 예)

- 피부상태개선의 목적
- 전신의 라인(체형)과 근육상태의 개선
- 셀룰라이트
- 근육의 개선
- 튼살의 개선

(2) 전신의 상태 파악

이 부분이 관리계획을 세우는데 가장 중요한 파트이다.

피부타입 및 상태, 근육톤, 긴장부위, 고객의 체형사이즈, 나이, 건강상태와 특별한 문제를 모두 관찰해야 한다.

고객이 이 관리를 통해서 얻을 수 있는 결과가 무엇인지를 정확히 알려주어야 한다.

관리사가 고객의 모든 문제점을 치료할 수는 없으나 대부분의 전신상태는 개선의 여지가 있으며 이런 내용을 고객에게 인지시킬 필요가 있다.

(3) 생활습관

고객의 생활습관을 파악하는 것은 관리계획을 세우는데 매우 중요한 부분이다.

고객에게 어떤 관리를 얼마나 자주 받을 수 있는지 혹은 받아야 하는지에 대해 관리적용에 영향을 준다. 또한 생활습관은 관리의 효과와 홈케어 조언까지도 영향을 미친다.

모든 고객에게 공통으로 고려되어야 할 생활습관은 직업, 환경, 식이와 물 섭취상태, 휴식방법, 운동습관, 수면시간, 흡연의 유 · 무 등이다.

(4) 병력

몇몇의 특정한 병력은 어느 부위에 치료를 받아야하는지 혹은 얼마나 오랫동안 치료시간을 참아낼 수 있는지, 어떻게 관리가 수행되어야 하는 지에 영향을 줄 수 있다.

(5) 사용금지약물

특정한 약물에 대한 사용금지 약물은 기계 선택이나 적용될 수 있는 관리를 제한할 수 있기 때문에 이를 고려해야 한다.

1차, 2차 감염의 위험을 예방해야 한다.

(6) 부작용

이전의 관리에 대해서 고객이 부작용을 호소하면 관리사는 부작용이 다시 재발하지 않도록 예방해야 한다. 대안제품을 선택한다거나, 기계 적용의 방법을 바꾼다거나하여 고객에 맞게 적용해야 한다.

(7) 정서상태

환자의 자세나 제스처, 얼굴표정, 눈 맞춤, 음량 등을 주의깊게 관찰한 후에 고개를 끄덕이거나 미소를 짓거나, 눈길을 돌리거나 목소리를 높이는 등의 변화를 줌으로써 반응하도록 한다.

예를 들어 예민한 고객의 경우에는 관리의 모든 과정의 설명이 필요하며, 관리하는 동안 옆에서 지속적인 보살핌을 원한다. 외모에 대한 자신감이 떨어진 고객의 경우는 외모에 대해 격려하고 자신감을 가지도록 도와주도록 한다.

(8) 피부분석

적절한 제품과 관리가 선택을 명확하게 하기 위해서 고객의 피부타입에 대한 정보를 관리사는 기록해야 한다.

(9) 체형분석

체형분석은 관리의 효과와 과정을 측정하는 신뢰할 수 있는 방법이기 때문에 고객의 체형에 대한 자세한 내용을 지속적으로 기록해야 한다.

(10) 관리경력

이전에 이루어진 관리에 대한 결과와 고객의 노력정도에 가이드라인을 제공함으로 이 부분도 기록되어야 한다.

(11) 고객서명

모든 정보의 정확성을 확인하기 위해서 요구되고 이것은 사용금지약물이 있을 경우에 특히 중요하다.

(12) 관리 후 및 홈케어 조언

관리의 효과를 관리 후 케어나 홈케어에 따라 달라질 수 있다.
홈케어를 훌륭하게 고객이 따르고 있다면 관리 횟수가 줄어들 수 있다.

Personal Details
Client Name: Telephone:
Date of Birth: Profession/Occupation:
No. of children:

Medical History and Contra-Indications		
☐ Heart Disease	☐ Metal Plates/pins	☐ Skin Condition
☐ Blood Pressure Abnormality	☐ Diabetes	☐ Smoker
☐ Thrombosis	☐ Epilepsy	☐ Others(list)
☐ Allergy	☐ Varicose veins	

Client Assessment				
Eating Pattern:				
Exercise:				
Products Used:				
Previous Body Treatments:				
Height:	Weight:	BMI:		
Muscle Tone:	Good	Satisfactory	Poor	Body Type
Thigh	☐	☐	☐	Endomorph ☐
Abdomen	☐	☐	☐	Mesomorph ☐
Buttocks	☐	☐	☐	Ectomorph ☐

Treatment Obuective:
Treatment Plan:

Home Advice and Future Recommendations	
Exercises Demonstrated:	Dietary Advice:
Products recommended:	
Suggested salon treatments:	

[※ 시데스코(국제 피부미용사) 고객차트 발췌]

[그림3-6] 바디분석차트(1)

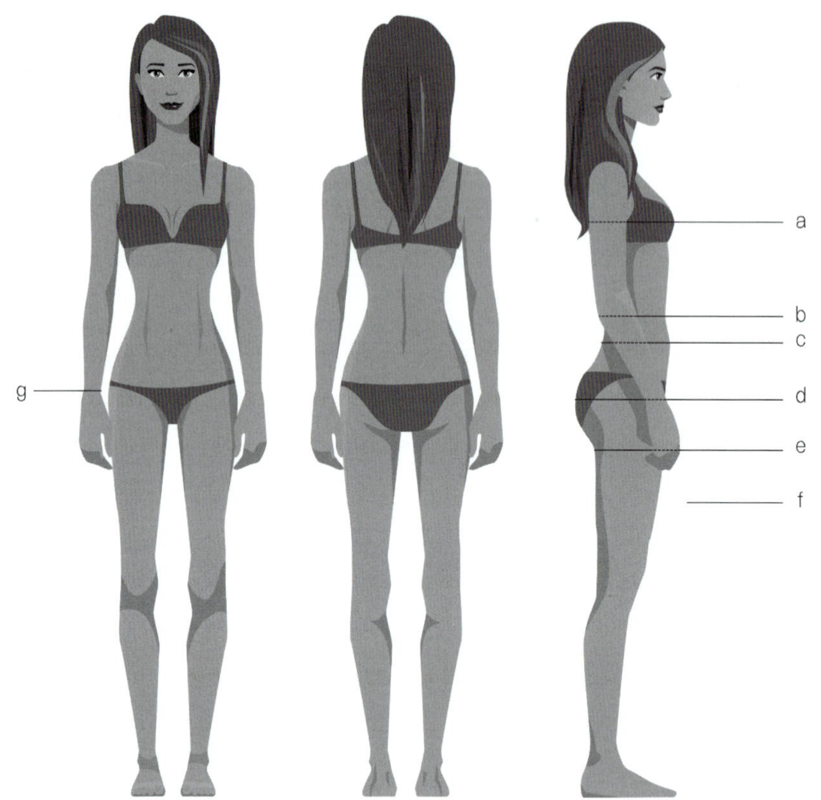

INDICATE ON DIAGRAM THE MEASUREMENTS OF:

a - bust
b - waist
c - hips
d - buttock
e - thigh(right)
f - thigh(left)
g - wrist

DRAW ON DIAGRAM

- Posture faults(if any)
- Skin disorders(if any) including warts, moles, dilated capillaries, bruises, varicose veins etc.

USING THE FOLLOWING KEY, INDICATE:

Fat XXXXXXXXXXX
Cellulite /////////////
Poor muscle tone ############
Stretch marks SSSSSSSSSSSSS

INDICATE ANY OTHER RELEVANT OBSERVATIONS

[※ 시데스코(국제 피부미용사) 고객차트 발췌]

[그림3-6] 바디분석차트(2)- 시데스코 고객카드 작성의 예

보충학습

부종의 정의와 예방 습관

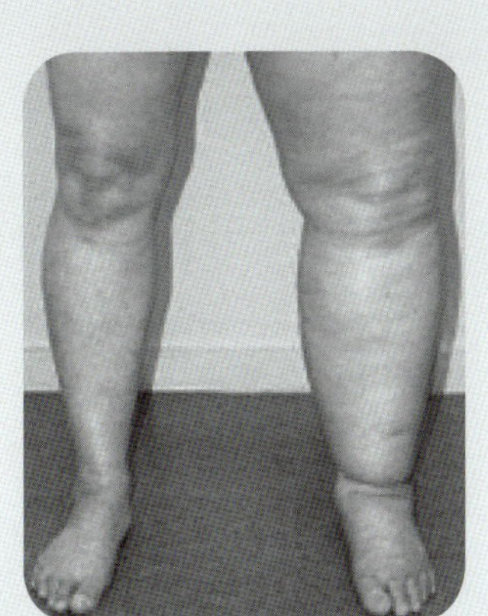

1. 부종의 정의

부종은 조직내의 림프액 등의 액체가 고여 과잉존재하는 상태를 의미하며, 피부에 부종이 발생하면 그 뷔위가 부풀어 오르고, 푸석푸석한 느낌을 갖게 되며, 누르면 피부가 일시적으로 움푹 들어간다.

2. 부종 예방 생활 습관

1) 평소에 싱겁게 먹는다.
2) 장시간 한 자세로 앉아있거나 서 있는 것을 피한다.
3) 혈액 순환을 방해하는 꽉 끼는 옷이나 신발은 피한다.
4) 30분 이상 유산소 운동 및 림프구를 자극하는 트리트먼트를 병행한다.
5) 몸을 따뜻하게 하며 반신욕, 족욕 등을 평소에 자주 해준다.
6) 다리를 높게 하고 휴식을 취한다.(다리 밑에 베개나 쿠션을 받친다)

부종의 테스트

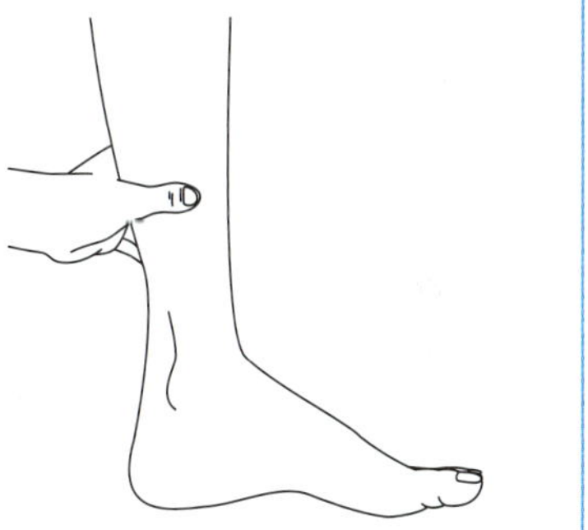

엄지로 다리 아래부분을 10~20초 누르고서 떼었을 때 자국이 그대로 남아있게 되면 체액이 정체되어서 부종이 신긴 것이다.

03. 사전 열 관리 트리트먼트

1. 전신피부미용 준비관리 단계

전신피부미용 전 단계로 열을 적용하는 트리트먼트는 매뉴얼 테크닉 전에 이루어지며 전신 혹은 관절과 같은 부위별로 가능하다. 관리의 목적에 따라서 고객 상담과정에서 사전 열 관리를 하는 것이 선택인지 필수사항인지에 대하여 판단하고 진행한다.

1) 목적과 효과

- 트리트먼트 하기 전의 전열 작용은 조직을 따뜻하게 하여 이완을 도와줌으로서 트리트먼트의 효과를 높인다.
- 혈관을 확장하여 혈액순환과 신진대사를 높인다.
- 통증과 근육의 긴장을 완화하며 깊은 단계의 이완효과를 준다.
- 클렌징이 끝나고 트리트먼트 전 15~20분 정도 이루어진다.
- 결체조직의 신장도 증가
- 관절의 경직 완화
- 동통완화
- 근경련의 감소

2) 주의 혹은 금기

- 고객이 다음과 같은 금기사항이 있을 경우는 행하지 않는다.
- 급성 외상, 염증 혹은 출혈
- 부종
- 혈액순환이 안 좋은 경우나 출혈성 경향이 있는 경우
- 암이 있는 부위
- 큰 상처부위

– 통증을 표현하기 어려운 경우 : 인지기능 저하, 감각 저하 등

3) 종류

(1) 핫팩(Hot pack)

- 가장 많이 사용하는 것 중 하나인 핫팩은 silicon dioxide로 채워진 canvas를 온수(약 74.5℃)가 들어 있는 탱크에서 꺼내서 마른 수건을 여러 겹 덮어 사용
- 핫팩을 깔고 누울 경우 pack에서 물을 짜내어 수건이 젖게 되어 화상의 위험이 높아지므로 핫팩을 아래에 두고 눕지 않도록 함

(2) 적외선(Infrared) or 열램프(Heat lamp)

- 화상의 위험이 있는 경우(감각 저하, 인지기능 저하 등)에는 열램프보다는 적외선을 사용
- 적외선은 열램프보다 화상의 위험은 적지만 피부 건조의 위험이 높음
- 적외선의 강도는 거리 제곱에 반비례하며, 반사열의 각도가 수직일 때 가장 강도가 세다.

(3) 전기담요(Heating pad)

- 전기담요는 온도 조절이 가능하다는 장점이 있음(보통 최대 온도 52℃)
- 핫팩과 마찬가지로 pad 위에 누웠을 경우에는 화상의 위험이 있으므로, 특히 마른 사람에서 주의가 필요

(4) 월풀(Whirlpool)

- 신체 일부를 물에 담그는 것으로 치료 효과를 도모하는 것으로 손목, 발목, 손, 발 등의 통증이나 구축에서 유용하며, 물 속에서 관절운동을 시행할 수도 있음
- 약 37.8~40.6℃의 온도를 사용
- 필요에 따라 온도 조절을 하여 냉치료로도 사용 가능

(5) 파라핀(Paraffin bath)

- 물보다 비열이 낮아 화상예방
- 손이나 손목 질환에서 흔히 사용: 특히, 관절염이나 외상 등으로 인한 손가락 관절의 구축 등
- 파라핀액의 온도는 45~54℃로 온열치료 중에서 가장 온도가 높으나, 열전도율이 낮은 파라핀과 오일의 7:1 혼합물로 구성

Tip 1. 그 외 온열요법

- 스티머(Steamer) - 정체된 피부에 효과적인 방법(특히 등 부위)
- 온습포(Hot towels) - 빠르고 값싼 비용으로 바디에 온열을 줄 수 있는 방법
- 사우나(Sauna) - 바디 전체에 효과적으로 온열을 줄 수 있는 방법
- 사우나 박스(Steam cabinet) - 바디 전체에 효과적으로 온열을 주고 동시에 각질탈락을 도와줄 수 있는 방법

04. 몸매 각질 관리하기

몸매 신체 각 부위의 땀이나 먼지를 닦아내고 딥클렌징을 함으로써 묵은 각질과 모공 속에 남아있는 노폐물을 제거하는 단계이다 (NCS 피부미용 능력단위 1201010216_16v3). 제품, 기기나 도구를 활용할 수 있다.

능력단위요소	수행준거
1201010216_16v3.1 몸매 클렌징하기	1.1 몸매부위별 피부유형에 따라 클렌징 방법과 제품을 선택할 수 있다. 1.2 몸매피부유형에 맞는 제품과 테크닉으로 클렌징 할 수 있다. 1.3 온습포 또는 경우에 따라 냉습포로 닦아내고 토닉으로 정리할 수 있다.
1201010216_16v3.2 몸매 딥클렌징하기	2.1 몸매 피부 유형별 딥클렌징 제품을 선택할 수 있다 2.2 딥클렌싱 제품의 특성에 따라 몸매 피부 유형에 맞게 적용하여 사용할 수 있다. 2.3 몸매 딥클렌징에 적정한 피부미용기기를 활용할 수 있다.

1. 전신피부의 각질관리 종류와 효과

1) 제품을 사용한 전신피부의 각질관리

(1) 바디 스크럽 - 바디 도닝 트리트먼트(Body toning treatment)

토닝 트리트먼트는 전신의 딥클렌징을 의미하는 것으로 양모브러시, 식물성 가루, 소금, 스크럽제 등을 이용해 피부의 죽은 각질을 제거하여 피부의 색을 밝고 윤기나게 하며 닭살이나 거칠음 등을 완화시켜준다.

또한 가벼운 혈액순환 및 림프 드리나쥐 효과를 이끌어 내어 기분을 상쾌하게 하고 몸의 긴장도를 낮출 수 있는 간편한 스파 케어이다. 바디 스크럽에는 수세미, 브러시로 문지르기, 쏠트나 스크럽제로 문지르기 등 다양한 방법이 이용되고 있다.

(2) 고마쥐 요법

전신 트리트먼트와 유사한 손놀림으로 크림을 발라 트리트먼트하는 세척 및 보습 요법이다.

스크럽 tip

얼굴 각질 제거에 비해서 바디의 각질 제거는 소홀히 하는 경우가 많다. 하지만 얼굴과 마찬가지로 몸도 각질을 주기적으로 제거해주는 것이 피부건강에 좋다. 특히 건조한 겨울철에는 잦은 샤워보다는 바디 각질제거에 신경쓰는 것이 촉촉하고 매끈한 피부를 유지하는 방법이다.

바디 각질 제거는 일주일에 1~2회 정도 바디 전용 스크럽을 이용해 각질 제거를 해주는 것이 적당하다. 민감한 피부를 가지고 있다면 알갱이가 너무 큰 스크럽 보다는 작고 부드러운 알갱이나 젤 타입의 바디 스크럽제를 선택해 사용한다. 바디 스크럽제 대신 바디 클렌저에 고운 죽염 가루를 섞거나 보습 효과가 뛰어난 흑설탕 가루를 넣어 사용하시는 것도 각질 제거 효과가 있다.

각질 제거시에는 때수건이나 목욕 타월 대신 보다 피부 자극이 적은 극세사 타월이나 부드러운 해면 퍼프를 사용하는 것이 좋다. 바디스크럽 후에는 반드시 보습과 영양을 충분히 해줘야 피부건조를 막을 수 있다. 수분함량과 보습력이 강한 겨울용 제품을 선택해 사용하는 것이 좋다.

2) 전신 브러시를 이용한 각질관리

오랫동안 사용해온 자연요법의 하나인 바디 브러쉬의 사용은 림프와 혈액순환을 자극시키며 죽은 각질을 제거한다. 노폐물과 각질제거, 셀룰라이트 분해 ,트리트먼트의 효과를 증진시켜주며 피부에 활기를 부여한다.

전신 브러시는 수세기 전부터 러시아, 터키, 스칸디나비아 등에서 사용해 온 것으로 30여년 전 유럽 스파에 등장했다.

전신 브러싱을 하면 정체되어 있던 림프계의 순환을 촉진시켜 독소와 노폐물 제거효과가 있으며 브러시의 모가 표피를 쓸고 지나가면서 불필요한 각질이나 모공을 막고 있던 노폐물 등이 제거되어 피부가 청결해진다.

Tip. 2 바디 브러시 방법

가장 기본적인 전신 브러싱은, 샤워나 입욕 전 물기 없는 상태에서 브러시 모를 말단 부위에서 심장 방향으로 천천히 쓸어 주는 것이다. 젖은 상태에서 브러싱할 때는 샤워젤이나 비누로 거품을 내면서 살살 문지른다. 가슴처럼 피부가 얇고 민감한 부위는 되도록 피하고 각질이 두꺼운 부위는 둥글게 원을 그리면서 조금 오래 브러싱한다. 피부가 따뜻해질 때까지 살살 여러 번 문지른다. 보통 전신 브러싱을 하는 데 걸리는 시간은 5~10분이 적당하다.

브러싱 후 피부가 약간 붉어지는 현상은 혈액순환이 촉진되면서 나타나는 것이니 염려하지 않아도 된다. 그러나 피부가 아프고 따끔거리면 모가 피부에 너무 강한 자극을 주었다는 신호니 주의한다. 그 밖에 피부과 시술을 받은 부위, 선탠이나 제모한 곳, 너무 건조하거나 상처난 부위는 브러싱을 하지 않는다.

1. 전신 브러싱은 심장에서 멀리 떨어진 부위부터 시작한다. 발등이나 발바닥부터 발목, 종아리, 허벅지 순으로 쓸어 올린다. 브러싱 중에는 손에 힘을 주지 말고 부드럽게 같은 부위를 여러 차례 쓸어 준다.
2. 다리 다음에는 복부를 브러싱한다. 아래에서 위 방향으로 반복해서 쓸어 올린다.
3. 가슴과 데콜테는 피부가 연약한 부위이므로 좀 더 세심하게 브러싱한다. 쇄골에서 시작해 팔 방향으로 쓸어 준다.
4. 손끝이나 손바닥에서 시작해 팔꿈치까지 쓸어 올린다. 그런 다음 팔꿈치부터 어깨 방향으로 쓸어 준다. 이 과정을 여러 번 반복한다.
5. 등을 브러싱할 때는 손잡이가 긴 보디 브러시가 편리하다. 엉덩이부터 목을 향해 수직으로 쓸어 준다.
6. 옆구리 브러싱은 원을 그리듯 둥글려가며 쓸어 준다. 브러시가 쓸고 지나간 자리를 다른 쪽 손으로 쓸어 주면 순환효과가 높아진다.

3) 발열크림의 사용

일반적으로 정상적인 체온은 직장 온도를 기준으로 36.1~37.8℃이며, 발열이란 이보다 높은 체온 상태를 의미한다. 발열크림은 화학적 성분으로 물리적(열발생)효과를 주어 혈액순환을 도모하고, 부기와 울퉁불퉁한 셀룰라이트 완화시키기 위해 사용한다. 크림을 바디에 고르게 발라 흡수시키거나 랩핑을 하여 열관리를 해준다. 임신한 여성의 사용은 금하며 정맥류, 갑상선 부위는 피한다.

발열크림의 사용

1) 발한 슬리밍 촉진투너를 전신에 발라준다.
2) 발한 슬리밍 핫젤을 두텁게 도포하고 필름으로 감싼 후 40분간 열처리안다. (열처리를 하지 않고 흡수시킬 수 있다, 제품마다 사용법을 참고한다)
3) 40분 후 샤워한다.

2. 전신 각질제거관리하기의 실제

1) 쏠트 글로우 프로그램(Salt Glow Program)

쏠트 글로우는 고운 바다소금과 고객의 상태에 따른 에센셜 오일을 캐리어 오일에 브랜딩하여 섞어 피부를 문질러 각질을 제거한 후 랩핑을 통해 조합된 쏠트를 피부에 흡수시켜 삼투압 작용에 의한 독소 배출 효과를 기대한다. 스크럽 시 찰상이 있는 고객은 따가움과 고통을 호소할 수 있으므로 금기증에 주의한다.

트리트먼트에서 사용되는 소금은 보통 크리스탈 소금을 사용한다. 이것은 히말라야 지하 300미터 밑의 지하 소금 광산에서 추출한다. 아로마 쏠트에 주로 사용되는 소금은 크리스탈 쏠트, 엠솜 쏠트(크리스탈 쏠트를 더 미세하게 만든것)을 사용한다.

Tip. 크리스탈 소금

이것은 2억5천만년 전에 히말라야 산이 생기기전에 그 자리 있었던 테테스라는 바다가 아프리카 대륙이 떨어져 나와 서서히 이동하면서 조산활동에 의해 히말라야 산맥이 형성되면서 생성되면서, 그 바닷물이 히말라야 산맥아래에 갇히고 오랜 세월이 흘러 물기는 증발이 되고 바닷물의 소금성분만 남아 소금결정체(소금 광석, 화석=암염)로남았다고 한다. 이 소금은 우리가 알고 있는 Nacl, 즉 염화나트륨이 96%, 나머지 4%는 칼슘, 마그네슘, 칼륨 등 미네랄이 함유 되어 있다. 이 소금광산에서 나는 소금은 두 가지로 분류되는데, 크리스탈 쏠트(Crystal Salt), 락쏠트(Rock Salt)-진흙이나 다른 불질도 섞여 순도가 높지 않은데, 우리나라에서는 암염이라고 부르고 있음

(1) 관리 효과

삼투압 작용에 의한 노페물 배설 및 혈액순환 촉진, 오래된 각질제거, 피부호흡 원활, 세포재생 촉진, 피부의 브라이트닝 효과, 림프 순환촉진

① 소요 시간 : 80분

② 대상 고객

가벼운 각질정리와 피부 토팅을 원하는 모든 고객

③ 주의사항

· 피부병 · 습진 · 찰과상 · 알레르기성 피부

2) 트리트먼트 준비

(1) 준비물

① 타올 및 가운 : 대형 타올(180×180cm) 2개, 중형 타올(65×130cm)2개, 소형 타올(30×80cm) 4개, 고객터번, 고객 속 가운, 겉 가운

② 소모품
라텍스 장갑, 크리스탈 쏠트(100g), 폴리필름 또는 비닐, 광목천, 담요 또는 전기담요

(2) 테이블 세팅

관리계획을 수립하고, 그에 따른 관리도구, 장비의 체크, 적용제품 등을 준비를 한다.

① 미리 고객의 챠트를 확인하고 금기사항 및 고객 메모 등을 점검한다.

② 관리 계획수립 : 관리의 목표와 절차, 관리 시간의 배분 등을 점검한다.

③ 조용하고 개인적인공간으로 준비한다.(실내조명, 쾌적한 실내 공기, 따뜻한 실내 온도, 샤워실 및 하이드로 시설의 점검, 음악준비)

④ 트리트먼트 베드커버 정리 및 베드 온도 조절한다.

⑤ 작업 웨곤에 관리할 제품을 정리한다.

⑥ 관리 전 후의 샤워 혹은 입욕을 위한 준비한다.

⑦ 관리를 위한 노구, 장비의 가동여부를 체크한다.

(3) 쏠트그로우 만들기

① 넓은 유리용기에 엡솜쏠트(크리스탈 쏠트를 더 미세하게 만든 것)를 100g 정도 담는다.

② 캐리어 오일(30ml)에 라벤더(12drop), 오렌지(10drop), 로만카모마일(10drop)브랜딩한다.(고객의 상태에 따라 브랜딩을 다르게 할 수 있다.)

③ 브랜딩한 에센셜 오일을 크리스탈 쏠트와 섞어 담는다.

④ 온장고에 5분간 보관한다.

3) 트리트먼트

(1) 스팀 또는 스팀타올(사전 열관리)

각질을 불리고, 혈액순환을 촉진시키기 위하여, 샤워를 하거나 온습포 또는 버퍼라이저를 이용하여 각질을 불린다.

- 온습포 : 뜨거운 물을 대야에 담아 습포가 식으면 뜨거운 물에 적셔 다시 피부에 얹어 각질을 지속적으로 불려준다.
- 버퍼라이져 : 관리할 곳에 버퍼라이져를 적용하여 각질을 불린다. 뜨거운 물로 샤워하게 한다.

(2) 각질제거

① 배드에 광목천을 랩핑할 수 있는 길이만큼(가로 2m, 세로 2m)깔아준다. 그 위에 폴리필름(은색비닐)이나 얇은 비닐을 깔아준다.

② 고객을 비닐위에 바로 눕힌 후 대형 바스 타올을 이용해 고객의 왼쪽다리만 남기고 덮어둔다.

③ 라텍스 장갑을 낀다.(스크럽제로 부터 손의 보호)

④ 버퍼 라이져를 왼쪽다리에 쏘이며, 미리 준비한 쏠트 글로우를 소량 덜어 왼쪽다리에 러빙 한다.

⑤ 발 스크럽 : 발등 → 발바닥 → 발목을 세밀하게 원형마찰하며 올라간다.

⑥ 종아리와 허벅지를 원형으로 마찰하며 이동한다.

⑦ 다리를 세워 종아리와 대퇴부를 마찰하며 스크럽 해준다.

⑧ 팔 스크럽 : 손등 → 전완 → 상완 → 어깨 순으로 원형 마찰하며 스크럽해준다.

⑨ 복부를 원형마찰하며 스크럽한 후, 가슴부위까지 스크럽해준다.

⑩ 고객을 옆으로 눕게 하여 엉덩이부위를 스크럽해준다.

⑪ 한쪽등을 허리 → 등 → 어깨 → 경추 방향으로 스크럽 해준다.

⑫ 고객을 바로 뉘이고 실시한 부분은 비닐로 덮고 타올로 다시 덮어 체온손실을 막는다.

⑬ 발등 → 발바닥 → 복사뼈 → 종아리 → 무릎 → 허벅지 → 복부 → 왼쪽가슴 → 왼쪽팔 순으로 스크럽해준다

(3) 전신 랩핑

프로그램에 따라 입욕 또는 쏠트글로우를 시행하고 바로 랩핑하여 스크럽 효과를 촉진시켜준다.

① 비닐로 몸 전체를 덮어 준 후, 다시 그 밑에 깔아두었던 광목천으로 빈틈없이 감싸준다.

② 타올이나 전기담요를 덮어 몸을 따뜻하게 덥혀 땀을 유도한다.

③ 15분후 랩을 제거하고 고객에게 샤워를 시킨다.

④ 마른타올로 물기를 제거시키고, 배드에 눕혀 전신에 보습제를 발라 마무리 하거나 그다음 단계 트리트먼트(바디 트리트먼트 또는 페이셜 트리트먼트)를 실시한다.

(4) 마무리

① 얼굴에 보습제등 마무리 기초 제품을 발라 준다.

② 전신에 보습제를 발라준다.

③ 고객이 잠시 휴식을 취할 수 있도록 차를 권해드린다.

④ 탈의를 고객의 몸 상태와 기분상태를 확인하고, 사후 케어에 대한 조언을 한다.

No	케어 순서	준비 사항	소요시간
1	트리트먼트 준비	쏠트 준비 및 보디 랩을 위한 배드 세팅	-
2	페이셜 클렌징	입욕을 하기 전 메이크업 클렌징 실시	10분
3	샤워 or 스팀	각질제거를 위한 스팀타올 이나 샤워 실시	15분
4	쏠트그로우	전신에 쏠트 그로우 러빙	20분
5	랩핑 or 입욕	전신 랩핑을 하거나 입욕한다.	20분
6	입욕 or 샤워	랩핑 시 샤워한다.	10분
7	케어마무리	보습제를 바르고 케어 마무리한다.	5분

(5)입욕

① 테라피스트는 고객이 도착하면 장비의 매뉴얼에 맞추어 욕조를 켠다.

② 욕조에 물을 채우고(고객의 어깨높이만큼) 적정온도(38~42도)를 맞춘다. 물이 채워지는 속도는 쏠트글로우를 하는 시간과 맞게 천천히 채워준다.

③ 물을 채우는 동안 쏠트 글로우를 실시한 후 고객을 욕조에 입욕시킨다.

④ 입욕 시 고객의 옆에 미온수와 타올을 준비해 놓는다. 입욕의 진행시에도 자리를 뜨지 않는데, 이것은 고객의 건강상 안전(실신, 두통, 익사 등)을 위해 필요하다.

⑤ 10분 후 찬 수건을 이마나 목뒤에 받쳐 주어 어지럼증을 예방하고, 고객의 안전을 배려한다.

⑥ 고객에게 마른 바스 타올을 건네 물기를 타올 드라이 하게하고, 가운을 입힌 후, 미온수를 건네고 의자에 앉아 잠시 쉬게 한다.

⑦ 고객을 배드에 눕히고, 몸에 타월을 덮어드리고, 보습제를 몸에 발라 마무리 하거나 그 다음단계 트리트먼트를 진행한다.

바디 랩 (Body Wrap)

바디 랩은 젖은 뜨거운 린넨 천으로 둘러싼 후 마일라 또는 면 담요로 덮는 치료이다. 랩은 간단하게 약초 물에 담근 쉬트나 미네랄 머드 또는 해수요법 마스크 등을 사용할 수 있다. 체온이 너무 올라가지 않도록 하기 위해 시원한 타올로 고객의 이마를 둘러싸야 한다. 때때로 관리는 두피 또는 얼굴 트리트먼트나 짧은 반사학 트리트먼트를 포함한다.

고객은 랩으로 둘러싸인 상태에서 약 20분간 있게 된다. 이 경우 밀실공포증이 있으면 랩을 피해야 한다. 랩이 괜찮으나 그래도 약간 우려가 된다면 관리사에게 고객의 팔이 랩 밖으로 나올 수 있도록 요구하면 된다.

05. 전신 매뉴얼 테크닉 이론 - 바디 트리트먼트

1. 매뉴얼 테크닉 개념

피부미용의 전신 매뉴얼 테크닉은 손을 이용하는 수기요법으로 트리트먼트에서 비롯한다. 트리트먼트는 신체의 부드러운 조직에 문지르고(rubbing), 주무르고(kneading), 누르고(pressing), 굴리고(rolling), 때리고(slapping), 두드리는(tapping)등의 동작을 체계적으로 가하는 것으로서, 혈액이나 림프의 순환을 촉진하고 근육을 이완시키며, 통증을 완화시키고 신진대사의 밸런스를 회복하는 등의 신체적, 정신적 효과를 그 목적으로 한다.

트리트먼트는 고객에게 심리적으로나 신체적으로 큰 효과를 줄 수 있기 때문에 기초 피부미용 트리트먼트에서는 필수적이다.

우리나라에서는 안마사의 생존권이 일반인의 직업선택권보다 더 중요하다는 이유로 안마사에게 트리트먼트 자격을 독점으로 부여하고 있기 때문에 피부미용사의 손을 이용한 화장품 도포및 문지르는 동작들을 매뉴얼 테크닉이라 칭하고 있다

트리트먼트를 하기 위해서는 생리해부학에 근거한 신체 조직을 이해하고 올바른 매니플레이션 (manipulation: 손동작)을 습득해야 한다.

효과적인 트리트먼트를 위해서는 적당한 크림이나 오일의 사용이 필요하다.

보충학습

마사지의 유래와 어원

마사지(massage)의 어원은 여러 가지이다 그리스어의 "massin"[주무르다], 아라비아의 의 "mass"[가볍게 누르다], "massa"[어루만지다], 라틴어의 "manus"[손], 고대 유태어의 "mawewb"[촉지하다] 등에서 유래하였다는 주장이 있으며 .프랑스어의 masseur에서 유래되어 사용되어지고 있다.

마사지의 유래는 수천년 전으로 거슬러 올라간다. 이집트 벽화는 사람들이 마사지 받는 것을 보여준다. 동양 문화에서, 마사지는 고대 이후로 지속적으로 실행되어져 왔다. 3000년 전의 중국 문헌에 최초로 마사지에 대한 기록이 있으며, 200년 전 프랑스에 전달되었다. 고대 그리스나 로마의 의사들도 마사지를 질병치료와 고통 완화의 목적으로 사용하였으며 기원전 5세기 초 히포크라테스(Hippocrates BC460 ~BC380)도 마사지를 치료의 목적으로 사용하였다 이후 근대 마사지를 발전시킨 사람은 많으나, 그 중 스웨덴 마사지를 보급시킨 Ling, 19세기 말경 이를 체조법과 함께 학문적으로 발전시킨 Mezger, 20세기초에 골절치료에 조심스럽고 부드러운 마사지를 적용한 Mennell 등을 들 수 있다. 마사지는 가장 오래되고, 가장 유용하고 쉽게 질병 또는 손상의 동통을 감소시키는 데 사용된 치료형태중의 하나이다. 이는 손을 이용하여 인체조직에 계통적이면서 과학적인 방법으로 시술하여 신경, 근육, 혈관계통에 영향을 미친다.

1) 트리트먼트의 목적과 효과

트리트먼트는 혈액과 림프의 순환을 증가시킨다고 알려져 있다. 리드미컬한 손동작을 통하여 기계적인 압이 가해졌을 때 혈액의 흐름과 림프의 흐름을 좋게한다.

트리트먼트는 너무 오래하거나 강하게 힘을 주어하지 말며, 고객에게 효과를 줄 수 없을 때는 하지 않는다. 트리트먼트는 다음과 같은 효과를 갖는다.

- 신체적 효과 : 혈액순환의 촉진 ,신진대사의 증진, 치유촉진, 근육이완과, 림프순환촉진,
- 심리적 효과 : 피곤을 풀어주고, 긴장완화, 신경계의 진정, 이완과 새로운 에너지의 회복감, 스트레스 완화

- 혈액순환촉진 : 트리트먼트 부위의 피부와 근육에 산소 영양공급
- 혈액순환촉진 : 근육 통증의 원인되는 젖산등의 노폐물 배출
- 림프순환촉진 : 림프액의 순환을 도와 정체된 체액의 재흡수에 효과적
- 림프순환촉진 : 림프순환을 도와 독소배출 효과
- 세포의 활동성 증가
- 심호흡을 도와 긴장과 피로감 회복
- 피부의 상태 증진
- 몸과 마음의 이완으로 스트레스 완화효과
- 수면상태개선
- 면역기능강화

(1) 순환계에 미치는 효과

트리트먼트 된 부위의 증가된 혈액의 흐름을 세포에 더 나은 영양공급과 노폐물 제거를 용이하게 한다.

① 피부와 그 구조에 영양분 공급 : 혈액 순환이 활발해져서 피부조직에 영양을 준다, 세포성장에 필수적인 산소가 혈액을 통하여 공급되고 노폐물 이산화단소등의 배출이 이루어진다.(트리트먼트 시 산소 공급률이 15%증가)

② 림프순환 촉진으로 인한 조직의 노폐룰 배출 : 부종(sweeling), 부어있는 상태(puffiness), 늘어짐(sagging)이 해소되도록 도와준다.

③ 세포의 활동성 증가 : 피부의 온도상승으로 인하여 피지분비와 피부호흡이 왕성해지고 – 피부의 윤기증가, 안색이 맑아지며 – 피부가 부드러워지고 결이 고와진다.

④ 탄력성 : 피부와 조직의 수분함유량에 의존, 적절한 트리트먼트를 통하여 조직액이 피부에 공급된다.

(2) 근육계에 미치는 효과

① 혈액순환의 증가로 근육의 경직과 통증완화에 효과적이며 유연성 회복, 수축된 근육을 이완시키고, 늘어지고 약해진 근육을 자극한다.

② 규칙적인 얼굴 트리트먼트는 근육의 톤(tone)유지에 효과적이며 주름형성을 방지한다.

③ 트리트먼트 된 근육의 경우 혈액 공급이 3배 이상 빨라지므로 근육의 긴장과 피로를 풀어준다.

(3) 신경계에 미치는 효과

① 신경계 이완과 심리적 안정감과 유대감 형성에 도움을 준다.

② 자율신경계의 조절과 자연치유력을 높여준다.

③ 가벼운 신경의 자극이 진정효과를 가져 온다.

④ 스트레스 긴장, 피로감 회복에 도움을 준다.

2) 매뉴얼테크닉의 종류와 효과

(1) 스웨디쉬 마사지(Swedish massage)

스웨디쉬 마사지는 물리치료사의 아버지라고 일컬어지는 Pehr Henrink Ling(1776~1839)에 의해 창시되었는데 스웨덴 사람인 피터링(Pehr hendrick Ling:1776~1839/스웨덴 체조와 생리학연구)에 의해 소개되었으며 에플라지(Effleurage) 페트리사지(Petrissage-주무르기), 깊은 마찰(Friction), 타포멘트(Tapotment-경타법), 바이브레이션(Vibration-근육 흔들어 자극하기) 같은 5가지 주요 동작으로 보급하여 최고의 마사지로 만들었다

(2) 림프드레니지 MLD(Manual lymph drainage)

림프 마사지의 창시자인 에밀 보더 박사의 테크닉은 주로 스칸디나비아 국가들과 주로 독일 언어권에서 많이 이용되고 있다.

이 림프 마사지를 건강한 피부에 시술하며 림프 순환을 촉진하고, 그러므로써 세포의 대사물질을 제거를 용이하게 해준다.

노폐물의 배출은 조직의 영양대사장애를 개선해주어 그 결과 피부안색도 개선해 준다. 실

시 시간은 15분에서 20분 정도 해준다.

(3) 경락 마사지

경락 마사지란동양의 경락이론에 바탕을 두고 발전한 수기 요법의 일종으로 이론상으로는 지압과 같다. 하지만, 지압은 경혈 위주의 압박자극을 사용하는데 비해 경락 마사지는 경혈은 물론 경락을 주 대상으로 하는 자극기술로 이루어져 있어, 일본지압(시아쑤)에 더 가깝다고 할 수 있다.

(4) 스포츠 마사지 (Sports massage)

스포츠 마사지란, 이러한 때 피부를 통해 물리적 자극을 가해 줌으로써 혈액의 흐름을 원할히 하여 순환기능을 회복함으로써 노폐 물질을 분해하고, 체내 조직으로 영양물질이나 산소의 공급을 왕성하게 해주는 대사 촉진료법의 하나인 것다.

(5) 딥티슈 마사지 (Deep Tissue Massage)

딥티슈 마사지란, 결합조직(connective tissue)과 심부연부조직(deep soft tissue)에 가하는 마사지 테라피란 뜻이며 특히 근육, 근막, 건, 인대의 문제점에 초점을 둔 치료적 개념 형식의 수기테라피이다

(6) 미용경락 또는 미용지압(Shiatsu)

경락이라고 불리는 신체의 보이지 않는 에너지 선을 따라 특별한 부위에 압력을 가해서 신체의 전체적인 균형을 이루고 건강을 회복하기 위한 마사지 요법이다.

3) 매뉴얼테크닉의 금기사항

전신의 매뉴얼테크닉을 적용하는 바디 트리트먼트는 효과적인 트리트먼트이지만, 다음과 같은 경우는 의사의 진단에 따르거나 트리트먼트를 하지 않아야 하는 상황이므로 이를 명심해야 한다. 트리트먼트 테라피스트는 어떤 상태에서든 진단을 해서는 안되며 상태에 대한 진단은 의사들의 고유한 영역이다. 테라피스트는 금기증을 반드시 인지하여야 한다.

트리트먼트 테라피스트는 이해력이 있어야 하며 특별한 요구에 맞출 수 있어야 한다.

· 고혈압이나 저혈압 환자

· 혈전이 있거나 색전증 환자
· 정맥염 환자
· 수술 받은 지 얼마 되지 않은 경우
· 최근에 삐거나 골절된 경우
· 처치 부위에 심각한 타박상이나 베인 상처, 찰과상을 가지고 있는 경우
· 간질 환자
· 최근 뇌출혈이나 뇌일혈이 있었던 경우
· 당뇨병 환자
· (뇌성마비 같은)경련성 환자
· 신경계에 기능 장애가 있는 경우
· 피부질환이나 무좀, 비듬과 같은 손발톱질환, 두피감염 등 전염의 우려가 있는 경우
· 다리부위의 정맥류 환자
· 하복부 트리트먼트의 경우엔 월경기간 중 처음 이틀간
· 햇볕에 탄 피부
· 발열이 있는 경우
· 전염성 질환자
· 암환자
· 임산부

임산부를 위한 특별 관리

- 의자나 옆으로 누운 자세를 취하게 하여 관리
- 금지된 지압점을 피하기

아래와 같은 상황인 경우 의사에게 보내기

- 임신이 큰 위험부담이 있는 경우
- 이전에 유산경험이 있는 경우
- 심장 장애가 있는 경우
- 20살 이하거나 35세 이상인 경우
- 천식이 있는 경우
- 마약에 노출되어 있는 경우

노인을 위한 특별 관리

주의사항 : 티박상, 심장병, 혈전, 수술, 약물치료, 골다공증
- 특히 갈비뼈와 같은 뼈 위에 직접적인 압박을 피해라.
- 심장박동기 같은 이식된 장비 위에 직접적인 치료를 피해라
- 관리하는 동안 피부를 당기는 동작을 조심스럽게 해라.

일반적으로 주의하여 할 상태

상 태	주의사항
고혈압	· 복부에 행하는 깊은 트리트먼트 테크닉은 피하기 · 어떠한 부정적 반응의 증후에 대하여 주시할 것
당뇨	· 처음에 관리시간을 짧게 시작할 것 · 저혈당 반응이 있는지 살필 것
정맥류	· 몸 중심부 쪽으로 트리트먼트하고 확장된 혈관은 피할 것 · 정맥류가 있는 혈관의 말단부위에 압을 주지 말 것
외상성 상해	· 고객이 참을 수 있는 통증의 정도로 관리 · 부러진 뼈나 피부 타박상, 손상된 조직에는 트리트먼트 하지 말 것
관절염	· 고객이 참을 수 있는 통증의 정도로 관리 · 어떠한 부정적 반응의 증후가 나타나는지 주시할 것
디스크	· 심한 염증이 있는 부위는 깊게 동작하지 말 것 · 고객이 참을 수 있는 통증 정도로 주변부위를 관리할 것
천식	· 흉골부위에 강한 수기법을 사용하지 말 것 · 어떤 징후가 발생하는지 24시간동안 주시할 것

2. 스웨디쉬 마사지

기존 국내에서도 많이 알려진 스웨디쉬 마사지는 물리치료사의 아버지라고 일컬어지는 Pehr Henrink Ling(1776~1839)에 의해 창시되었는데 국제 Bodywork and Massage Therapy에서 근육과 관절이완, 통증이완, 혈액과 림프계 순환증진, 자율신경계 이완 및 스트레스 이완 등에 많이 적용되는 마사지이다. 스웨디쉬에서는 기본 4가지 수기법 Effleurage, Petrissage(Kneading), Tapotement, Friction이 주를 이루며 국소부위 적용 및 전신으로 적용되는데 각 기법마다 중요한 의미들이 있으며 그 사용 목적을 각기 달리하고 있다. 그 외 jostling, stroking, vibration 등도 상황에 따라 응용된다. 스웨디쉬는 부드럽고 유동적인 리드미컬한 마사지 테크닉과 편안하고 릴렉싱한 느낌을 특징으로 하며 에스테틱 분야를 포함하여 관광 레저와 휴식의 릴렉싱 보디테라피 프로그램에서도 대중적으로 광범위하게 활용되고 있는 마사지로서도 잘 알려져 있다.

1) 기본 동작과 효과

스웨디시 마사지 (Swedish Massage) 기법

상 태	주의사항
에플라지(Effleurage) or 스트로킹(Troking) [쓰다듬기]	가벼운 에플라지(Pressure of effleurage or light stroking) 깊은 에플라지(Pressure of effleurage or deep stroking) 무지 에플라지(Pressure of effleurage or thump stroking)
프릭션(Friction) [문지르기]	표면마찰(superficial friction) 깊은 마찰(deep friction) 회전마찰(cicular frction)
페트리사지(Petrissage) [주무르기]	주무르기(kneading) 근육짜기(squeezing) 비틀기(wringing stroke) 들어올리기(lifting) 말아쥐기(rolling) 좌우로 흔들기(twisting)
타포먼트(Tapotment) or 퍼커션(Percusion) [두드리기]	양손잡아 뽑기(pluckin) 주먹치기(pummeling, beating) or pounding 소지두드림(hacking, chopping) 오목손 치기(cupping, clapping) 엄지 튕기기(flicking)
바이브레이션(Vibration) [흔들기]	위아래 흔들기(shaking) 손전체 바이브레이션(whole Hand V) 가락 바이브레이션(digital V) 활발한 바이브레이션(vigorous V)
스트레칭(Streching) or 견인 (Traotion)	견관절, 고관절, 손목관절, 발목관절의 스트레칭 회선운동이 있다.
누르기와 문지르기 (Compression & Rubbing)	손가락 끝(fingertip) 엄지손가락(thumb) 주먹의 정권(knucle) 팔꿈치(elbow)를 사용한다.

(1) 스트로킹(Stroking) 혹은 쓰다듬기(Effleurage)

몸에 지속적으로 밀착하여 미끄러지듯이 이어지는 동작이다. 압력은 위로 올라갈 때 압을 수며 돌아 올 때는 가벼운 압을 사용한다.

① 효과

- 신체 조직을 따뜻하게 해줌
- 고객을 이완시켜 강한 동작에 대한 준비를 하게 함
- 강한 동작 후 진정효과
- 느리게 동작을 시행할 때 신경계 진정
- 빠르게 동작을 시행할 때 신경계 자극
- 경결된 부위의 노폐물 제거
- 혈액과 림프순환의 증가
- 피곤하고 아픈 근육의 진정
- 불면증 해소

② 쓰다듬기 동작의 일반적인 방법들

- 가벼운 에플라지(Pressure of effleurage – light stroking)
- 깊은 에플라지((Pressure of effleurage – deep stroking)
- 무지 에플라지(Pressure of effleurage – thump stroking)

깊은 에플라지의 변형으로, 하나 또는 두개 손가락으로 시술한다.

	에플라지(Effleurage)	스트로킹(Troking)
다른점	항상 정맥혈이 심장으로 돌아가는 방향 및 림프의 방향과 일치	어느방향이든 적용 가능
	돌아오는 동작에서도 신체의 접촉이 유지	신체와 떨어져도 상관없음
	림프절을 향해 진행하면서 조금씩 압력이 증가됨	압력이 일정하게 반복됨

(2) 반죽하기(Petrissage) : 주무르기

근육과 피부조직을 압착하고 주무르는 방법을 말한다. 이 방법의 목적은 혈관을 확장하고 결체 조직의 붓기를 해소하여 근육통을 완화한다. 조직을 들어 올려 순환촉진, 통증감소, 림프순환, 지방유화, 유착의 신전과 이완효과가 있다.

① 효과

· 혈액의 흐름 증가
· 대사물질 제거
· 부분적 부종 감소
· 근육통증 감소
· 세포의 영양공급 증가
· 근육이완
· 근육신장
· 근육통 감소
· 근육경결 감소
· 신경계 자극

② 반죽하기 동작의 일반적인 방법들

ⓐ 니딩(kneading) : 반죽하기

a. 엄지 반죽하기(thumb kneading) : 엄지 부위만을 이용하여 적용한다.

b. 손가락 반죽하기(finger kneading) : 2, 3, 4지를 많이 이용한다.

c. 손바닥 반죽하기(palmar kneading) : 손바닥으로 응용하는 다양한 테크닉이 있다.

d. 한 손바닥 반죽하기(single – handed palmar kneading) : 한손으로 조직을 지지하고, 다른 손으로 니딩 동작을 한다.

e. 손바닥 교차 반죽하기(alternate palmar kneading) : 리드미컬하게 두 손을 고대로 사용한다.

ⓑ 다림질(ironing) : 두 손을 포개어서 체중을 실어 문지른다.

ⓒ 비틀기(wringing stroke) : 조직을 들어올려 엄지와 다른 손가락 사이에서 수건을 짜듯이 비틀어주는 동작. 근육길이를 따라 이동하며 적용된다.

ⓓ 근육 짜기(squeezing) : 팔이나 종아리 등에서 양손을 교차하며 짜주듯 적용한다. 등 경부를 양쪽에서 밀어 주며 셀룰라이트를 분해 시켜준다.

ⓔ 들어올리기(lifting) : 피부를 들어 올려 좌우로 움직여준다.

ⓕ 피부 말아 올리기(rolling) : 조직을 골격으로부터 들어올려 엄지와 다른 손가락 사이에 놓고 말아 올라간다.

ⓖ 좌우로 흔들기(twisting) : 손바닥으로 지그제그로 짜준다.

(3) 마찰하기(Friction)

이 동작들은 엄지손가락 또는 4개의 손가락 면을 이용하여 매우 깊숙이 그리고 부분적으로도 시행된다. 회전 동작으로 이루어지거나 근육섬유를 가로지르는 방향으로도 이루어진다. 손바닥, 엄지, 손가락 끝으로 근육결을 따라 누르면서 트리트먼트한다. 마찰을 통하여 조직에 열을 발산시키는 것이 목적이다.

① 효과

- 열 발생
- 모세혈관 확장
- 순환증가
- 정맥순환 향상
- 관절의 경결 감소
- 근육이완
- 흉터 형성 감소
- 유착부위 제거
- 압통점 활성 경감

② 마찰하기 동작의 일반적인 방법들

ⓐ 표면마찰(superficial friction) – 피부 겉 표면을 빠르게 움직인다.

ⓑ 깊은 마찰(deep friction) – 피부를 손바닥으로 빠르게 움직인다.

ⓒ 회전마찰(cicular frction) – 손바닥으로 원을 그리면 빠르게 움직인다.

(4) 두드리기(Tapotement)

● **타포먼트(Tapotment) or 퍼커션(Percusion)**

두드리기 기법으로 파도와 같은 파장으로 피부조직 내 기관이나 조직에 그 파장을 전달한다. 폐 같은 큰기관, 큰 근육에 적용하면 혈관을 확장하고 피부에 혈액 공급을 촉진시키고 자극한다.

– 경기전 운동선수에게 적용 가능

– 엉덩이근육, 허벅지 근육에 적용 가능

① 효과

· 신경말단 자극
· 근육톤 유지
· 국소적 혈액 흐름 증가
· 통증 경감
· 폐 충혈 이완
· 연동운동 증가

② 두드리기 동작의 일반적인 방법들

ⓐ 양손잡아 뽑기(plucking) : 경타 시작 전 예비동작으로 비른 손기락 리프팅 동작이다. 잡아 뽑듯이 가볍게 움켜쥐는 동작이다.

ⓑ 주먹치기(pummeling, beating or pounding) : 손을 가볍게 쥐고 소지구로 친다. 손목을 꺽지 않아야 한다. 천골과 같은 곳에 적용하면 변비를 완화한다.

a. 베팅 : 주먹쥔 손가락면을 이용하여 정권으로 두드리는 방법이다.

b. 파운딩 : 가볍게 쥔 주먹의 소지구 면으로 두드리는 방법이다.

c. 소지두드림(hacking, chopping) : 소지면을 이용하여 칼로 고기를 디지듯 쳐준다. 근육의 울결완화, 세포신진대사 촉진, 오래된 상처에 효과적이다.

d. 오목손 치기(cupping, clapping) : 손을 가볍게 컵 모양으로 쥐고 손바닥으로 두드린다. 속이 빈(hallow)듯한 소리가 난다. 주로 호흡기에 관련된 폐, 기관지염,천식, 폐기종 같은 증상에 사용하며 흉부나 가슴 쪽을 부드럽게 두드리면 혈액의 흐름을 촉진하여 호흡기계에 있는 점액질을 배출시킨다.

e. 엄지 튕기기(flicking) : 엄지손가락 끝으로 가볍게 튕기는 동작으로 근육 섬유 방향으로 적용한다. 엉덩이 근육에 주로 사용

(5) 떨기(Vibration)

근육을 진동을 주어 흔들어 주는 방법이다. 이 기법은 주로 강한 자극 후에 고객에게 안정감을 주기위해 실시하며, 보통은 한손으로 진행되는데, 넓은 부위에서는 양손을 함께 사용하기도 한다. 손을 위아래로 흔들며 이동하거나 한쪽에서 다른 방향으로 이동하며 진동을 준다. 트리트먼트 후에 안정감을 준다.

① 효과

· 순환증가
· 탄력증가
· 통증 완화
· 호흡기계 울혈 감소
· 대장의 연동운동 자극
· 관절의 활액흐름 자극
· 심부조직의 접촉
· 압통점 활성의 경감

② 떨기 동작의 일반적인 방법들

ⓐ 위아래 흔들기(shaking)

좌우로 흔들기(rocking)같은 방법을 사용하며 몸이나 어느 특정부위를 리드미컬하게 일정한 움직임을 주는것을 말한다.

ⓑ 손 전체 바이브레이션(whole Hand V.)

손바닥으로 근육을 부드럽게 잡고 위에서 아래로 흔드는 방법

ⓒ 손가락 바이브레이션(digital V.)

검지와 중지 손가락을 사용하며 척추기립근이나 흉골과 복부 상부를 사용. 조로 강장효과.

ⓓ 활발한 바이브레이션(vigorous V.)

손전체를 이용한다. 가슴과 등중앙에 사용하면 점액질 배출과 기침할 때 편안감과 호흡을 용이하게 한다.

(6) 수동적인 관절의 움직임과 스트레칭

견관절, 고관절, 손목관절, 발목관절의 스트레칭 회선운동이 있다.

(7) 누르기와 문지르기(Deep Pressure, Rubbing)

Compression은 아주 강하고 자극적이며 침투적인 방법으로 근육 긴장해소와 근육의 독소배출을 해준다. 손가락 끝(fingertip), 엄지손가락(thumb), 주먹의 정권(knuckle), 팔꿈치(elbow)를 사용한다. 관절주위 건의 상해나 근육의 수축과 경직된 부위에 적용한다.

3. 매뉴얼 테크닉의 적용 요건

매뉴얼테크닉의 효과를 높이기 위한 가장 주요한 요소는 고객의 요구를 파악하고 고객에게 집중하는 것이다. 고객에 대한 배려와 유대감현성이 중요하며 물론 동작을 정확히 하기 위해서는 신체의 해부학적 구조를 이해하는 것은 필수 선행요건이다.

외적 환경의 조성, 동작의 기본요소에 대한 정확한 이해 즉, 올바른 트리트먼트 방향과 적당한 압력, 부드럽고 리드미컬한 속도와 리듬, 그리고 적절한 시간과 올바른 자세 역시 효과적이고 효율적인 트리트먼트를 시행하는 데 있어 필수적으로 요구되는 구성요소이다.

또한 트리트먼트 하는 테라피스트가 자신의 몸을 보호하고 바른 자세를 유지할 수 있어야 적절한 트리트먼트의 효과를 높일 수 있다.

1) 외적환경

외적 환경으로는 적절한 온도, 청결한 침대, 체온을 유지시킬 수 있는 부드러운 타올이나 덮을 것과 은은한 조명이나 배경음악이 필요하다.

음악은 고객과의 상담을 통해서 선택하는 것이 그 고객의 몸과 마음의 이완에 도움이 된다.

(1) 침대 높이

트리트먼트 의자나 베드의 높이등도 피부미용사에게 적합하여 맞추어져야 한다

· 일반적인 높이는 주먹을 쥐어 침대 위쪽에 손이 닿는 높이

· 깊은 압력을 주는 높이는 손가락 끝이 침대 위쪽 닿는 높이

· 만약 팔이나 어깨가 아프다고 느껴진다면 침대의 위치가 너무 높은 경우이며, 만약 등의 아래쪽이 뻣뻣하거나 피곤하게 느껴진다면 침대가 너무 낮은 경우이다.

2) 고객과의 유대감 형성

매뉴얼테크닉의 시행은 몸과 마음의 이완을 도와주는 것으로 하는 사람과 받는 사람과 서로간의 신뢰와 믿음을 바탕으로 이루어져야 효과적이다. 피부미용사는 호흡을 통하여 긴장되지 않은 편안한 상태를 유지하여 고객에게 좋은 에너지를 전달해주는 자세가 필요하며 고객 또한 편안하고 긴장되지 않은 마음으로 트리트먼트를 즐길 때에 효과적이다.

(1) 고객의 자세와 지지

· 받침대와 함께 고객을 엎드리게 하고 얼굴을 쉬게 한다

· 추가적인 받침대를 사용하여 팔도 쉬게 한다

(2) 고객을 위한 타올 사용

· 타올 사용의 목적 : 고객의 프라이버시 존중, 보온과 편안함 제공, 전문적인 관리 분위기, 고객의 안전성과 심신의 안정감 제공, 신체 각 부위별 관리가 가능

· 관리하는 부위를 제외한 다른 부위는 타올을 사용하여 커버한다.

(3) 타올 사용방법

복부	다리	팔

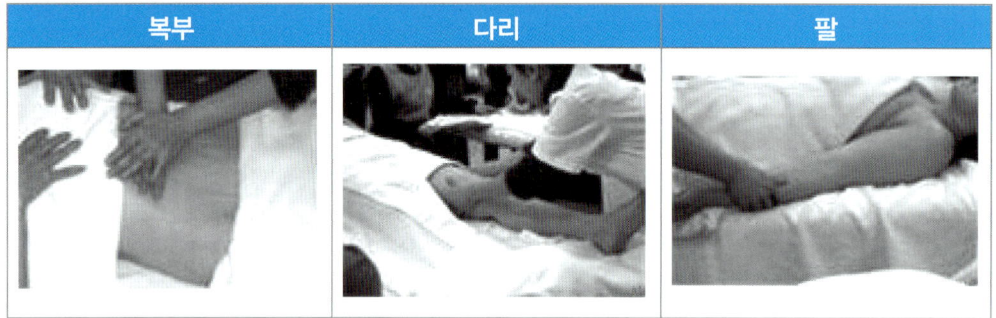

(4) 관리 후 침대에서 고객 일으키는 방법

· 고객의 안전을 위한 방법과 고객의 프라이버시 보호를 위한 방법을 참고한다.

4. 매뉴얼 테크닉 후 고객의 반응

처음으로 트리트먼트를 받은 고객은 기분 좋은 통증 같은 것을 느끼기도 한다. 이는 근육 조직의 노폐물이나 독소가 분해되기 때문이다. 다음 트리트먼트를 받기 위해 방문할 때 이미 독소가 배출된 후이므로 처음 만큼 아프지는 않는다. 하지만 보다 더 독소를 배출시켜야 할 경우 아직도 통증을 느낄 수도 있다.

어떤 고객들은 머리가 무겁다는 반응을 보이거나 관리 직 후 숨을 내쉬기도 한다 이러한

모든 증상들은 자연스러운 것이며 우리몸의 독소가 제거되는 것을 의미한다. 트리트먼트 후 화장실을 가는 것 또한 매우 자연스러운 것이다.

고객관리와 조언

· 고객에게 물 한 잔을 마시도록 한다.

· 독소배출을 위하여 2~3잔의 물을 트리트먼트 후 마셔야 하는지 설명해준다.

· 독소배출을 위한 혈액순환이 에너지를 필요로 함으로 트리트먼트 후 피로를 느낄 수 있다고 설명해준다.

· 관리직후에는 무리하거나 심한 운동을 하지 않는 것이 좋다. 피로를 느낄 수 있기 때문이다.

· 며칠 후 더 좋은 효과를 느낄 수 있다.

· 캐리어오일은 피부에 좋은 효과를 가지므로 관리 후 최소한 4시간 정도는 지나서 목욕이나 샤워를 하도록 한다. 피부에 흡수할 수 있는 시간이 필요하기 때문이다

· 관리의 효과를 지속시키기 위해서는 홈케어를 위한 바스 오일이나 로션 등에 관한 조언을 한다.

· 다음 예약을 정한다.

5. 동작의 기본요소에 대한 이해

동작의 기본원리는 다음과 같다.

전체부위에서 부분으로, 다시 전체부위로 가볍게 시작하여 깊게, 다시 가볍게 중앙에서 말단으로 다시 중앙으로, 밖에서 안으로 트리트먼트한다.

(1) 압력

압력은 다루어지는 부위와 조직의 예민도에 따라 통증의 감도에 따라 결정된다. 압력은 팔과 손에 진달되는 체중을 올바르게 이용함에 따라 얻어진다.

① 가벼운 압력 : 더욱 이완시킬 수 있고, 수면을 유도하는 등의 효과

② 깊은 압력 : 조금 더 축진 효과를 가지며 활력을 준다. 그러나 역시 깊은 이완 효과도

가져올 수 있다.

(2) 테크닉의 방향

매뉴얼 테크닉 동작은 피부의 할선방향(피부결)으로 한다.

모든 트리트먼트는 몸의 말초에서 심장방향으로 이루어진다.

아래에서 위방향으로 압을 가하도록 하며 안에서 바깥 방향으로 압을 주도록 한다.

(3) 속도, 리듬감, 규칙성

신경의 진정효과와 이완효과를 위해서는 생체 리듬에 맞추어서 너무 빠르거나 느리지 않은 적당한 속도와 강약의 리듬감을 가져야 한다. 매뉴얼 테크닉 동작은 동작의 3~4번 반복하여 지속적으로 이루어져야 한다.
일정한 속도로 춤추듯이 흐르듯이 트리트먼트하도록 한다.

(4) 동작의 속도

① 느리게 하는 경우 : 이완을 주목적으로 하는 트리트먼트

② 빠르게 하는 경우 : 활력을 주고 촉진을 주목적으로 하는 트리트먼트

(5) 유연성

어깨와 손목과 손으로 이어지는 부분의 긴장되지 않도록 한다. 바른자세로 유연하게 곡선으로 행하도록 한다.

동작이 부드럽게 행해지도록 해야 얼굴의 윤곽을 따라서 적절히 트리트먼트를 행할 수 있다.

(6) 밀착감

매뉴얼 테크닉을 행할 때에는 부드럽지만 견고하게 피부에 밀착하여 미끄러지지 않고 피부결을 따라 트리트먼트하도록 해야한다.

(7) 연속성, 연결성

고객의 관리중에 모든 동작은 끊어짐이 없이 이어져야 하며, 동작과 동작사이에 멈추거나 머뭇거리지 않아야 한다. 동작과 동작사이에도 항상 한 손은 피부표면에 접촉이 되어 있어야 한다 하나의 동작에서 다른 동작으로의 전환은 연속적으로 행해지는 가운데 이루어진다. 테크닉이 끝날 때까지 고객과의 접촉이 멈추어지지 않도록 한다.

(8) 정확성

동작에 대한 올바른 적용 방법 및 효과를 인지하고, 얼굴의 근육과 결에 따라서 정확한 부위에 정확한 동작의 구사가 필요하다.

6. 피부미용사의 매뉴얼 테크닉 자세

(1) 신체 역학적 원리

매뉴얼테크닉을 적절하게 행할려고 하면 바른 자세가 기본이다 .

피부미용사의 자세가 올바르고 잘 지지된 상태에서 손과 손목의 움직임이 자유롭고 적절한 테크닉의 구사가 가능하다. 특히 피부미용사가 전신관리 매뉴얼테크닉을 행하는 경우 자신의 신체를 잘 이용하고 무리없이 해야 하는 이유는 다음과 같다.

· 자신의 신체 보호
· 강도의 증가
· 체력의 증가
· 안정감의 증가
· 균형의 증가

(2) 적절한 신체 역학을 얻을 수 있는 방법

· 관리 테이블의 높이를 체크하여 맞추기
· 편안한 신발과 옷 입기
· 트리트먼트 하기 전 워밍업 하기
· 트리트먼트 시 세기나 들기를 할 때 근육의 힘을 이용하기 보다 체중을 이용하기

· 발과 다리 몸을 일직선으로 하여 팔과 손목 손가락으로 힘을 실어주기
· 어깨에 힘을 빼고 등은 일직선으로 곧게 펴기
· 다양한 테크닉을 사용하기
· 관절을 곧게 펴기
· 과신전 피하기
· 긴장을 줄이기 위해 기대거나 앉는 포지션 사용하기
· 호흡과 이완
· 율동적으로 움직이기

(3) 기본 자세

가장기본적인 자세는 피라미드 자세이다. 한다리는 앞쪽 45도 방향으로 발을 두고 다른 발은 앞쪽으로 둔다. 어깨만큼 다리를 벌리고 양 다리의 무릎이 앞쪽으로 기울어지지 않게 하고 시선은 45도 방향을 향해야 한다.

손은 항상 깨끗하고 부드럽게 유지하며, 손톱은 짧고 큐티클도 정리되어있어야 한다. 손가락의 굳은살 등은 피부에 상처를 남기기 쉽다. 또한 에나멜은 비위생적으로 보이기도 하지만, 일부 고객의 피부에 알레르기 반응을 일으킬 수 있으며로 삼간다. 테라피스트의 자세는 기본적으로 '피라미드'형이 가장 안정된 자세로, 공간의 이동이나 리듬감 있게 몸을 움직일 수 있고 체중을 실어 압력을 조절하기도 매우 용이하다. 이러한 자세는 관리사의 피로, 요통, 근육통을 예방함으로 보디워크를 실시할 때 가장 선행되어야 하는 것이다.

① 워크 스탠딩

팔, 다리의 긴 에플라지를 실시할 때 한발은 앞쪽에 다른 발은 뒤쪽에서 놓아 걷는 듯한 자세로 체중이 앞으로 이동할 때는 무릎이 굽혀지고, 다시 돌아올 때는 무릎을 펴서 바로 한다.

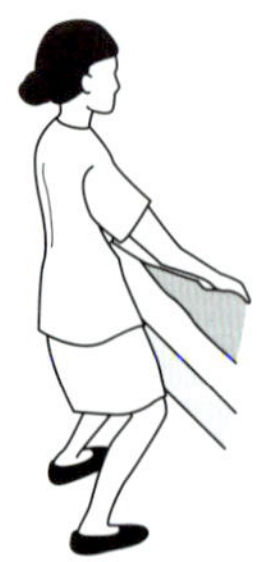

② 스트라이드 스탠딩

신체를 가로질러 구사하는 동작으로 등 전체를 횡으로 마찰할 때나 타포먼트와 같은 동작에서 많이 쓰여지는데, 동작 수행 시에 양쪽 발을 엉덩이 너비만큼 벌리고 서며 등은 곧게 펴고 무릎을 가볍게 구부린 자세이다.

전문적인 트리트먼트 테라피스트의 자질

- 트리트먼트 테라피스트로서 일할 수 있는 자격조건을 가지고 있어야 함
- 좋은 의사소통의 기술이 있어야 함
- 신뢰와 책임감을 보여주어야 함
- 상대방에 대한 공감과 인내심을 가져야 함
- 고객차트를 준비하고 보관하여야 함
- 각각의 관리에 대한 시작과 끝이 정확한 시간을 지켜야 함
- 사적인 관심사를 보이지 않아야 함
- 고객의 정보를 유출시키지 않아야 함
- 확실한 전문적인 이미지를 가지고 있어야 함
- 전문적인 한계점을 인지하고 있어야 함
- 컴퓨터 활용능력이 있어야 함
- 새로운 기술과 테크닉 연마에 대한 의욕이 있어야 함

피부미용사의 자신관리법

호흡운동

1. 등을 곧게 펴고 양 발의 사이는 어깨 넓이 정도로 거리를 두고 선다. 천천히 그리고 깊게 약 4초간에 걸쳐 숨을 들이마신다. 이 때 공기를 배로 집어 넣는다는 생각을 한다. 동시에 양팔을 머리 위로 넘겨 몸 뒤쪽으로 펴준다.
2. 순간적으로 숨을 참고서 팔과 상체를 앞쪽으로 떨군다. 무릎을 약간 굽혀주는 게 좋다. 동시에 '하'소리를 내면서 숨을 내쉰다.
3. 다시 숨을 천천히, 깊게 들이 마시면서 몸을 일으켜 세워 아까의 자세로 돌아간다. 이런 호흡 방법을 두 번 반복한다.

명상 호흡 운동

다음은 간단히 따라할 수 있는 명상 호흡 운동으로 보다 안정적인 호흡을 가능하게 한다.

1. 눈을 감고 편하게 앉는다. 숨을 내쉴 때 오랫동안 깊고 부드럽게 내쉬는데 집중한다. 자연스럽게 숨을 들이마신다. 호흡이 규칙적이고 부드럽게 유지되도록 한다.
2. 근육을 이완시킨다. 머릿속 복잡한 생각들을 하나하나 물방울로 보고 그 물방울들이 모두 날아가는 상상을 한다. 몸이 따뜻해지고 편해지는 느낌을 받는다.
3. 이후에는 호흡에 집중한다. 또 다시 다른 생각들이 떠오르면 자체를 인정하고 물방울처럼 사라지게 한 다음 다시 호흡에 집중한다.
4. 매일 10분씩 연습한다.

제3장 단원 학습 정리

1. 몸매파악이란 현재 신체부위를 문진 · 견진 · 촉진을 통해 파악하여 문제점 분석을 하고 체형을 분류하여 몸매관리에 적용하기 위한 것으로 파악한 결과를 분석표 작성하고 프로그램을 준비하는 능력이다(NCS 피부미용 능력단위 1201010215_16v3).

2. 몸매분석의 내용에는 아래와 같다.

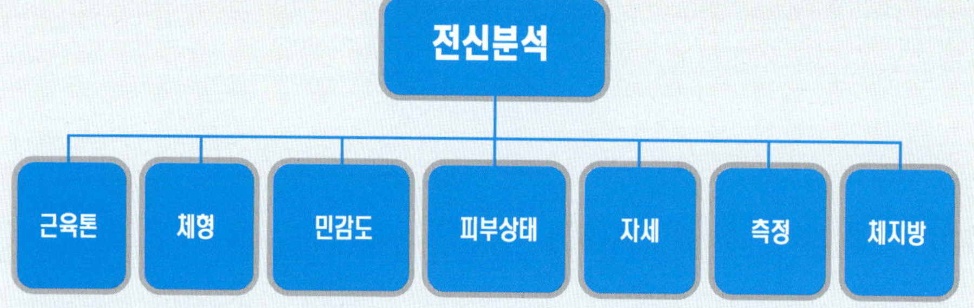

3. 바디타입은 외배엽형, 중배엽형, 내배엽형 3가지 바디타입으로 나뉘어진다.

· 외배엽 유형에 속하는 사람은 마르고 날렵한 몸매를 유지하지만 근육량이 부족해 그다지 매력적 인 몸매를 과시하지 못한다.

· 중배엽 유형에 속하는 사람은 뼈대가 굵고 근육과 골격이 잘 발달한 체형으로 널따란 어깨, 잘록한 허리에 태생적으로 신진대사가 활발한 경우다.

· 내배엽 유형에 속하는 사람은 둥근 얼굴에 큰 몸집을 지니며, 특히 몸 중앙 부위에 지방 축적이 많은 전형적인 비만체질인 경우가 많다.

4. 셀룰라이트는 피부 표면이 오렌지 껍질처럼 울퉁불퉁해진 상태를 일컬으며 사춘기 이상의 여성 90%에서 나타나며 아주 마른 여성에게서도 나타난다는 점에서 비만과 다르다. 셀룰라이트는 주로 허벅지의 바깥쪽, 허벅지의 뒤쪽, 엉덩이 부위에 주로 생긴다. 그 밖에도 유방, 아랫배, 팔, 목덜미에도 생긴다. 이 부위들은 주로 여성형 지방축적 양상을 보이는 부위들이다.

5. 튼살은 피부 위축으로 초기에는 분홍색을 보인 후 점차 자줏빛으로 변하게 되며 시간이 지날수록 창백한 색을 나타낸다. 피부에 남는 일종의 흉터로 생각되고 있으며, 임신이나 사 춘기와 같은 짧은 기간 동안에 과도한 피하지방의 축적이나 체중증가, 빠른 성장으로 인한 피부의 급격한 팽창과 관련되는 것으로 나타나고 있다. 주로 복부와 유방, 대퇴부, 종아리, 팔의 윗부분, 엉덩이 등에 자주 나타나는 것으로 알려져 있다.

6. 좋은 자세는 턱 끝이 바닥과 수평을 이루고, 가슴은 펴서 어깨를 편안히 한 채로 아랫배를 당긴 자세이며, 나쁜 자세는 뻣뻣하게 경직되거나 듯 구부정한 자세, 등이 굽은 자세(척추전만증), 어깨가 축 처진 자세(척추후만증), 등이 구부정하고 어깨가 축 처진 자세(척추측만승) 이다.

7. 체중(kg)을 신장(meter)의 제곱으로 나눈 값인 체질량지수는 세계적으로 통용되는 비만도 판정의 기준이며, 대다수 인구 집단에서 체지방량과 상관관계가 높아 체중 및 신장을 이용한 지수 중 가장 널리 사용되는 방법이다. 세계보건기구에서는 인종이나 성별과 관계없이 체질량지수 25 kg/㎡ 이상을 과체중, 30 kg/㎡ 이상을 비민으로 정의하였다

8. 체지방은 체내의 모든 지방을 의미하며 인체가 움직일 수 있는 에너지를 저장하여 제공해주는 역할을 한다. 제지방은 에너지를 소모하고 인체의 기능을 유지하는 역할을 하며, 이를 너 세분하면 체수분, 단백질, 무기질로 구분된다.

9. 정상적인 경우 남자에서는 15~18%, 여자에서는 20~25%의 체지방을 갖게 된다. 성인에서는 체지방률이 남자 25% 이상, 여자 30% 이상일 때 비만으로 간주한다.

10. 고객카드의 작성을 통한 관리계획 수립과정 관리계획은 아래와 같다.

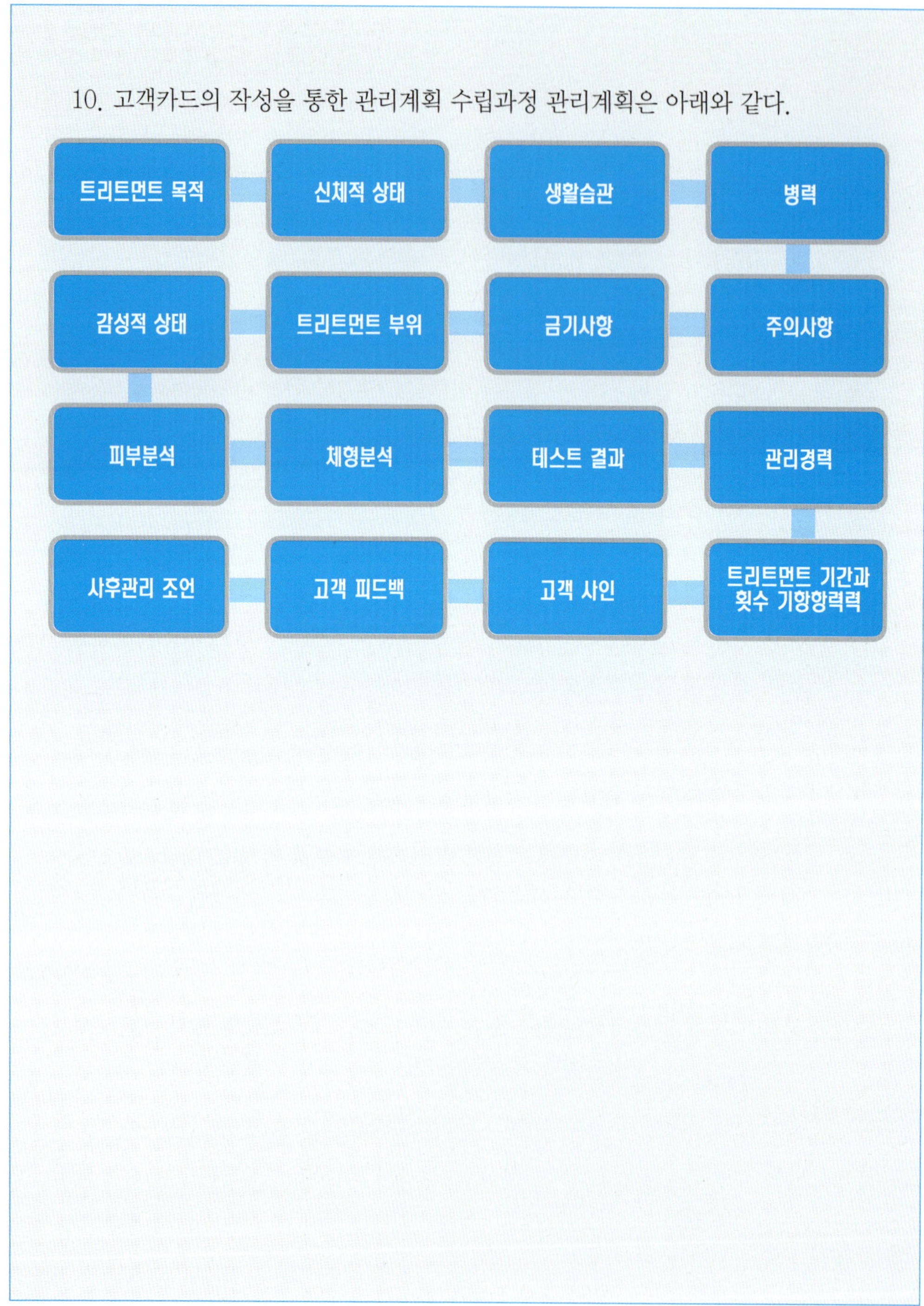

단원 종합 문제

1. 몸매분석 시 필요한 내용에 해당되지 않은 것은?
   가. 근육량 나. 고객의 자세
   다. 비만도 라. 민감도

1. 몸매분석시 필요한 것은 근육톤, 바디타입, 민감도 피부상태, 자세, 몸매측정, 체지방 측정 등이다.

답 : 가

2. 바디타입 중 신진대사가 느리고 지방연소가 어렵기 때문에 체중이 쉽게 증가하는 타입은?
   가. 외배엽 나. 중배엽
   다. 내배엽 라. 비배엽

2. 외배엽은 마른형, 중배엽은 근육형, 내배엽은 비만형으로 구분할 수 있다.

답 : 다

3. 고객상담 시 주의사항이 아닌 것은?
   가. 개인의 습관과 피부과의 연계성을 파악한다.
   나. 적합한 홈케어 방법을 교육한다.
   다. 전문적인 지식으로 고객에게 관리의 필요성을 이해시킨다.
   라. 관리방법의 전체과정을 교육한다.

3. 고객상담 시 고객에게 관리에 대하여 전반적인 이해를 하도록 이해시킨다.

답 : 라

4. 전신관리시 패치테스트를 하는 이유가 아닌 것은?
   가. 피지막의 상태를 알아보기 위해
   나. 피부의 pH를 알아보기 위해
   다. 피부의 노화상태를 알아보기 위해
   라. 피부에 도포하는 제품이 이상현상을 일으키는지 알아보기 위해

4. 사용하는 제품의 이상유무를 확인하기 위해 팔 안쪽에 패치테스트를 실시한다.

답 : 라

5. 전신관리의 효과와 거리가 먼 것은?

가. 긴장을 완화시키고 근육을 이완시킨다.

나. 노폐물의 배출을 돕는다.

다. 혈액순환을 원활히하여 셀룰라이트 감소를 돕는다.

라. 젖산의 생성을 증가시킨다.

5. 젖산은 근육의 피로물질로 전신관리 시 제거되는 효과가 있다.

답 : 라

제4장

전신 매뉴얼 테크닉

제4장
전신 매뉴얼 테크닉

01. 매뉴얼 테크닉 준비

(1) 습포를 이용한 발 트리트먼트 기본 동작

1.	스팀타올을 양쪽 발목까지 덮는다. 양쪽 발목, 발등, 발끝을 양 손바닥을 사용하여 베드 방향으로 지긋이 누른다. 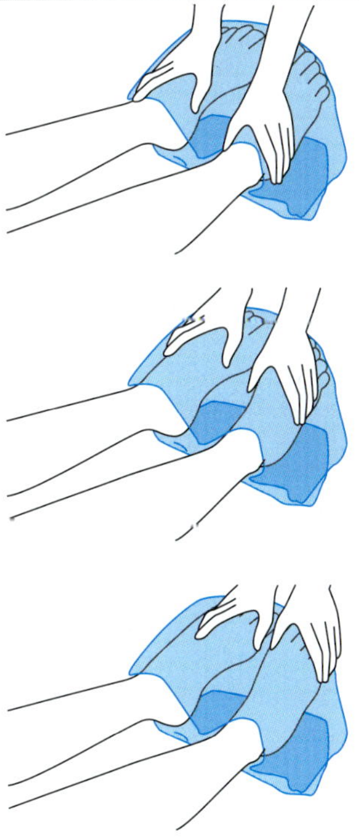

2.	양쪽 발가락을 밖으로 젖힌 후 다시 앞쪽으로 숙이며 구부린다.
3.	왼발 발가락 사이 사이를 지압하고 발가락을 하나 하나씩 앞으로 잡아 당긴 후 타올을 사용하여 닦아낸다. 오른발도 같은 방법으로 행한다.
4.	양손을 가볍게 발을 팔자 모양으로 양쪽으로 눕혀서 발바닥을 세로방향으로 2부분으로 나누어서 엄지손가락으로 지압한다.

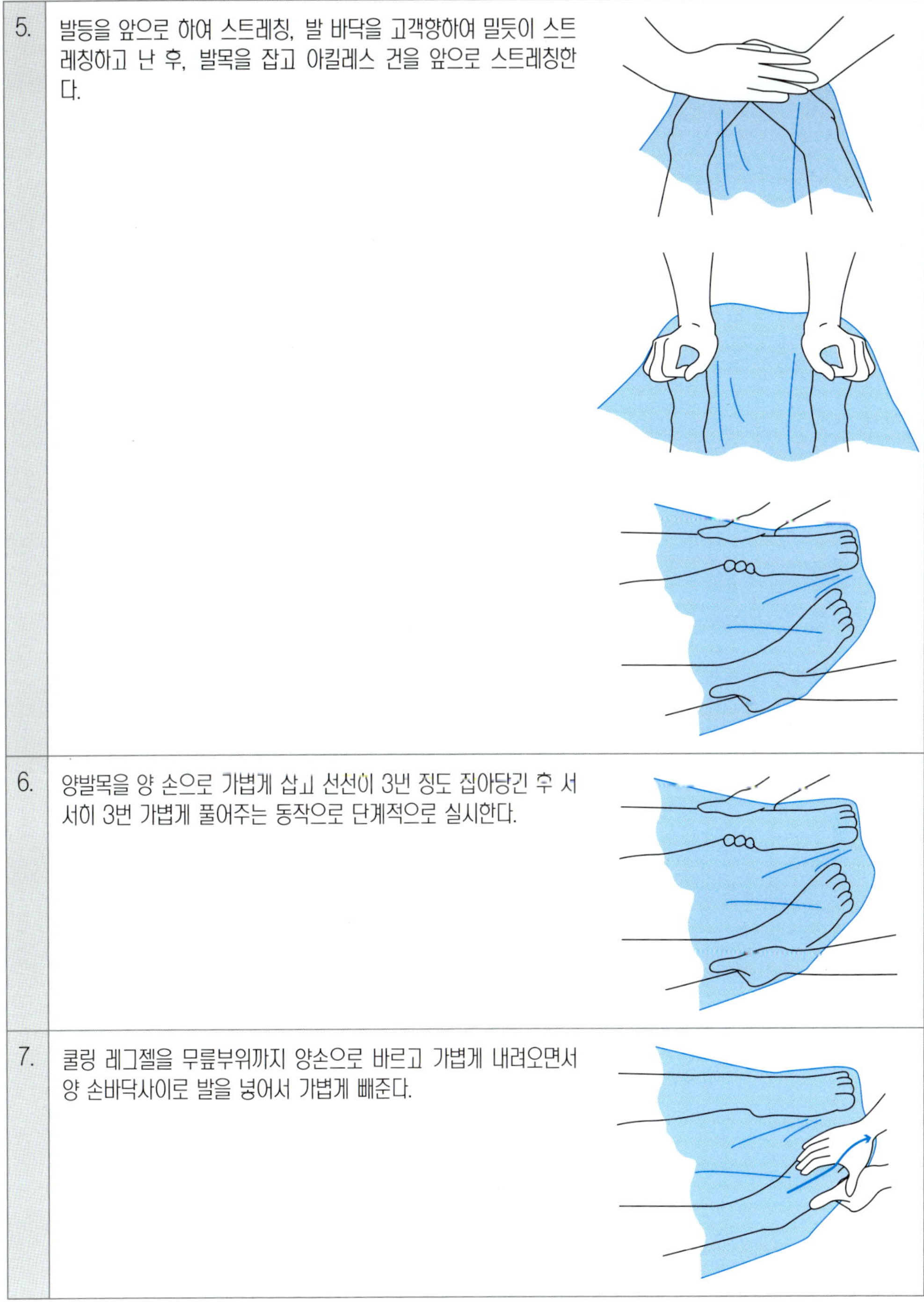

5.	발등을 앞으로 하여 스트레칭, 발 바닥을 고객향하여 밀듯이 스트레칭하고 난 후, 발목을 잡고 아킬레스 건을 앞으로 스트레칭한다.	
6.	양발목을 양 손으로 가볍게 삽고 선선이 3번 정도 잡아당긴 후 서서히 3번 가볍게 풀어주는 동작으로 단계적으로 실시한다.	
7.	쿨링 레그젤을 무릎부위까지 양손으로 바르고 가볍게 내려오면서 양 손바닥사이로 발을 넣어서 가볍게 빼준다.	

[※ 프랑스 에스테틱 브랜드 YON-KA의 "바디 시그네처" 프로그램 발췌]

몸매상체전면관리란 고객의 피부상태를 파악하여 복부와 가슴을 속도, 리듬, 밀착, 세기, 시간 등을 고려하여 5가지 동작인 쓸어서 펴바르기, 밀착하여 펴바르기, 어루만져 펴바르기, 토닥토닥 펴바르기, 떨며 펴바르기 등을 적용하여 수행하는 업무를 말한다.

02. 등 부위 트리트먼트

1. 등 부위 트리트먼트 개요

전신 관리에 있어 특히 등 관리는 매우 중요하다. 등에 위치한 척추는 인체에 있 어 지지대 역할을 할 뿐만 아니라 전신적으로 뻗어나가는 신경들을 보호하고, 오장육부를 지탱해 주는 기둥 역할을 한다. 따라서 등 관리를 통해 등 근육 조직의 긴장을 이완시켜 부드럽게 만들어 줌으로써 척추와 등 근육에 발생될 수 있는 다양한 문제들을 해소시켜 주며 전신의 에너지 균형을 제공할 수 있다.

(1) 등 관리의 목적

등관리는 긴장과 초조, 불안 등의 스트레스에 의해 뭉쳐있던 목과 어깨의 근육들을 매뉴얼 테크닉을 활용하여 이완하고 신체적, 정신적 편안감을 제공한다

· 등을 형성하는 근육, 골격, 척추 구조를 바르게 해준다.
(등 근골격 비대칭, 잘못된 자세, 체형 개선)

· 등의 근육을 이완, 몸을 편하게 하고 통증 부위 완화

· 등의 혈액, 림프, 에너지, 노폐물 순환 증진

· 등 부위의 축적된 지방과 셀룰라이트 감소

(2) 등 관리의 효과

· 척추의 변형을 잡아 주고 근육을 이완시켜 몸의 움직임을 자유롭게 한다.

· 림프 순환 및 혈액 순환을 증진시켜 두통, 어깨 결림 등 근육계의 통증 등을 완화하고 예방한다.
· 스트레스를 완화하고 피로 회복을 도와 심신의 안정을 제공한다.
· 척추 반사요법에 의하여 인체의 신경계에 효과적이다.
· 인체의 좌우 균형 및 상체의 균형을 잡아주는데 도움을 주며 몸의 균형과 확실한 슬리밍 효과
· 담경, 삼초경, 소장경, 위경. 대장경, 방광경과 같은 양경락을 관할하는 독맥의 흐름을 도와줌
· 머리끝에서 발끝까지 연결되는 자율신경계의 중추신경, 척추, 기립근을 트리트먼트를 통해 노폐물제거와 림프의 흐름을 좋게 하여 인체의 각 기능을 정화시킨다.

(3) 등 부위의 특징

· 등에는 척추가 있고 척추를 보면 경추, 흉추, 요추, 천추, 미추로 구성
· 척추로 몸 지탱하며 척수신경(중추신경계)에서 자율신경계가 연결되어 각 내장기관으로 분포되어 전신에 영향.
· 스트레스로 인한 경직과 통증에 효과적
· 동양의학적으로 양의 경략인 독맥과 스트레스와 관련된 방광경이 위치함
· 등 부위의 주요 부위의 근육 : 기립근, 승모근, 광배근, 삼각근

· **삼각근** : 흔히 어깨근육이라 하고, 삼각형 모양으로 생겼음. 3개의 근육으로 구성되어 있는데 어깨앞쪽은 전면삼각근, 어깨중간은 중간삼각근, 어깨후면은 후면삼각근이라 불리운다.
· **광배근** : 넓은 등이라는 뜻이며, 우리가 외모적으로 보았을 때 역삼각형을 만들어 주는 근육이다. 그리고 가슴근육 뒤쪽에 위치하고 있다.
· **승모근** : 목과 어깨 사이의 근육으로 어깨를 으쓱할 때 사용되는 근육.
· **기립근** : 척추와 중추 신경을 감싸고 있는 기립근

(4) 등의 주요 뼈대 및 근육

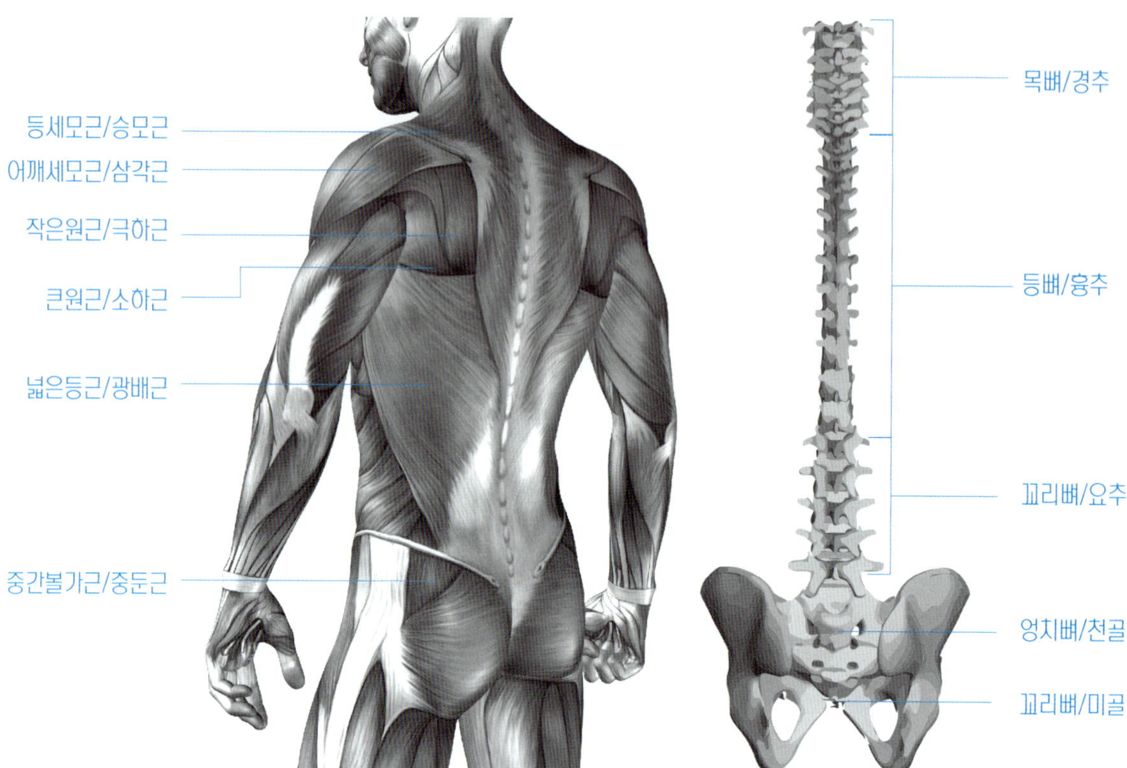
등세모근/승모근
어깨세모근/삼각근
작은원근/극하근
큰원근/소하근
넓은등근/광배근
중간볼기근/중둔근
목뼈/경추
등뼈/흉추
꼬리뼈/요추
엉치뼈/천골
꼬리뼈/미골

2. 등 부위 트리트먼트 매뉴얼 테크닉 순서

(1) 등 관리 준비

① 피부미용사의 손을 깨끗이 소독한다.

② 마른 타월로 등을 덮어 준 후 등 전체를 스트레칭 해 준다.

③ 피부 유형에 적합한 오일(oil) 또는 크림(cream) 등의 트리트먼트 제품을 선택하여 등 전체에 고루 도포한다.

(2) 등 부위 트리트먼트 동작

1.	등 부위 트리트먼트를 시작하기 전에 스팀타올이나 마른 타올을 사용하여 고객에게 편안감을 주는 기본동작을 행한다. 스트레칭(타올사용 가능)을 해주고 등의 방향을 따라서 쓸어내린다. 타올을 제거하고 트리트먼트 전, 고객과 같이 호흡을 맞추면서 고객의 긴장을 풀어준다, 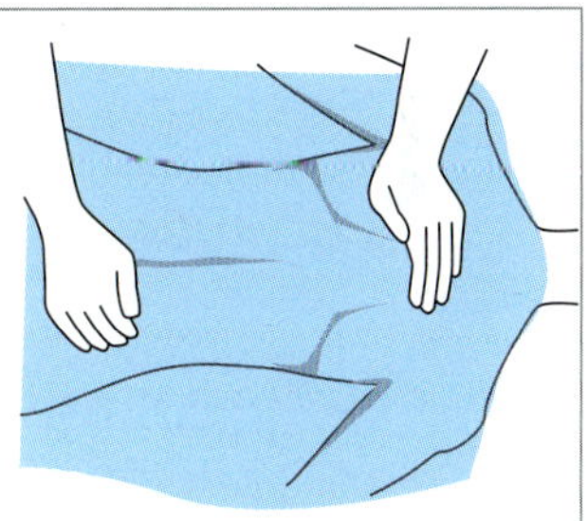 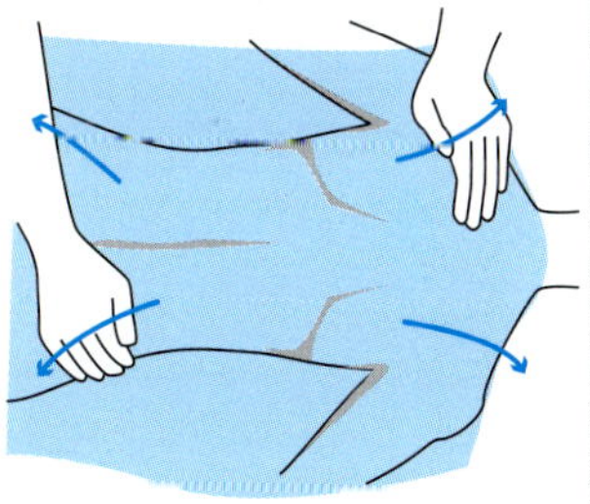 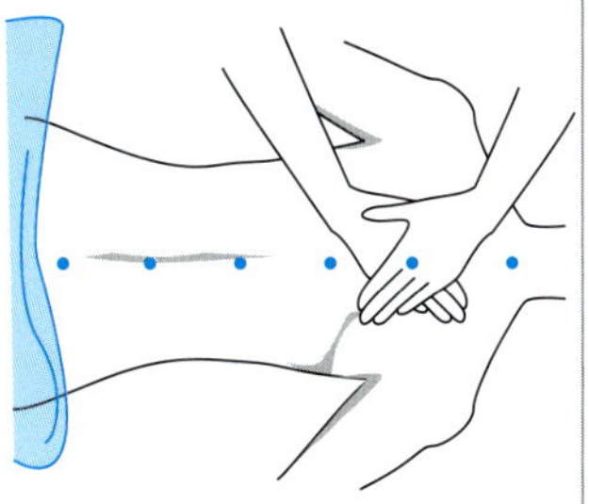

1.	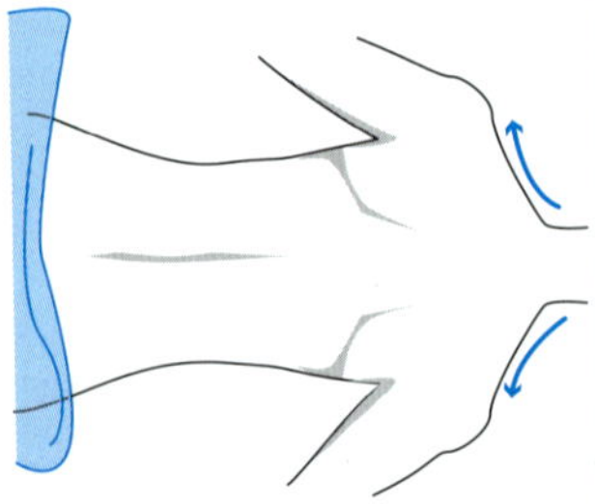
2.	크림을 도포한다. 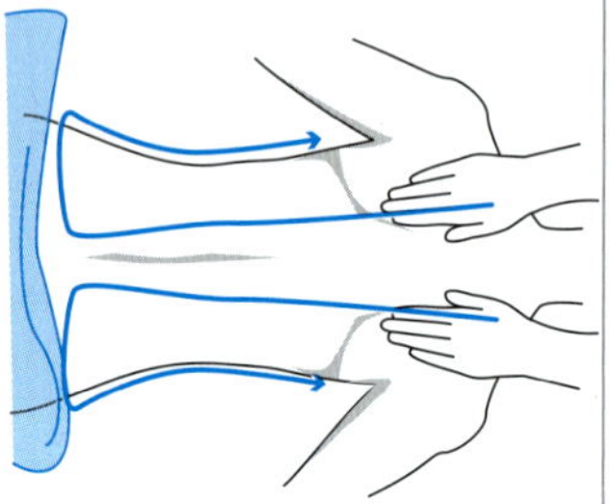
3.	**등 전체 쓰다듬기** (3-1, 3-2 중에서 선택) 3-1 . 목에서부터 양손바닥을 이용해서(전나무 모양) 둔부방향으로 등의 기립근을 따라서 내려간 후 ① 골반을 따라 둥글게 굴려준 후에 손끝이 침대에 닿을 정도로 등의 옆면을 따라서 올라와서 견갑에서 다시 중앙으로 손을 모아서 다시 내려간다. ② 허리부분을 따라서 둥글게 굴려준 후 올라와서 견갑에서 손을 모아서 연수로 가서 지압한다. 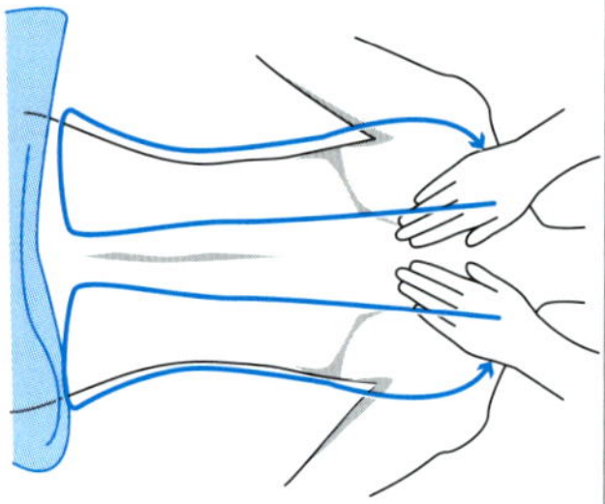 3-2. ① 양손을 옆으로 해서 척추 옆 기립근을 따라 천골부위까지 밀착시켜 내려간다. ② 힙과 허리를 감싼후에 팔을 교차해서 X자를 만든다. ③ 다시 원래대로 팔을 풀어서 팔뚝까지 올라온다. 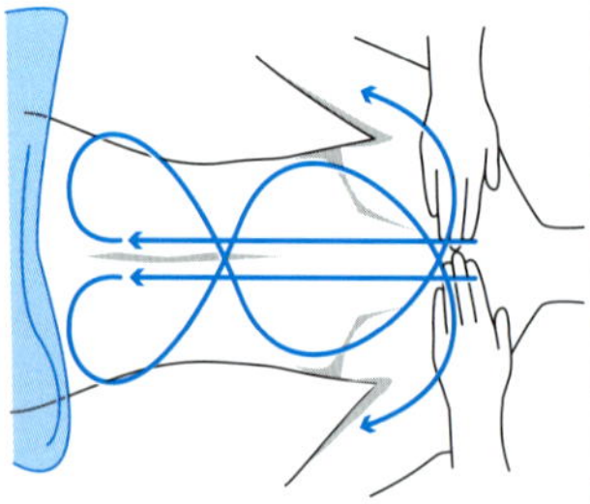 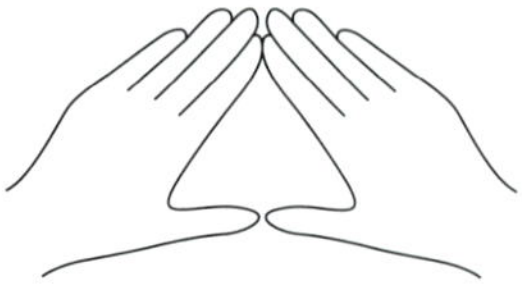 tip. 전나무 모양의 손

4.	**기립근 트리트먼트** 4-1. 척추 기립근 따라서 엄지로 지압하면서 둔부로 내려간 후 옆선따라서 올라온다. (1회) 4-2. 척추 기립근 따라서 엄지로 나선형을 그리면서 둔부로 내려간후 천골부위에서 둔부방향으로 나선형 동작을 한 후 허리를 감싸서 옆선을 따라 위로 올라온다. (1회) 4-3. 양 손바닥을 교대로 기립근을 따라서 부드럽게 쓸어내린다.	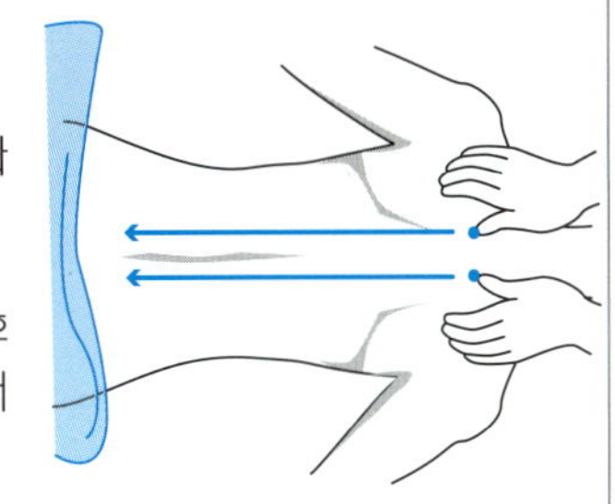 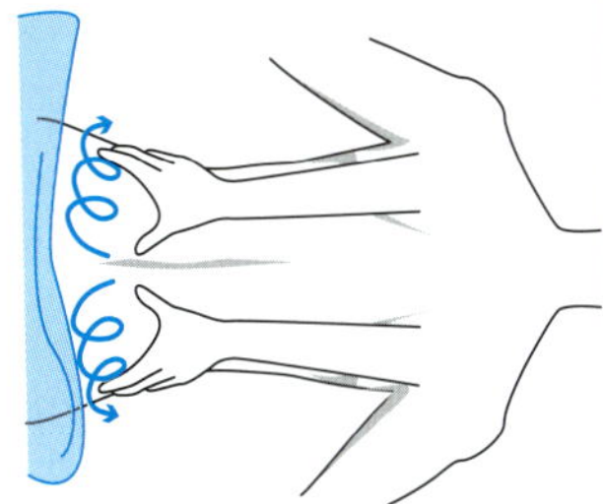
5.	**전체 쓰다듬기** 양손 바닥을 삼각형 모양으로 하여 척추기립근을 따라서 목까지 쓰다듬기하여 올려주고 견갑골을 감싸서 늑골따라 내려와서 허리를 감싸면서 반복한다.	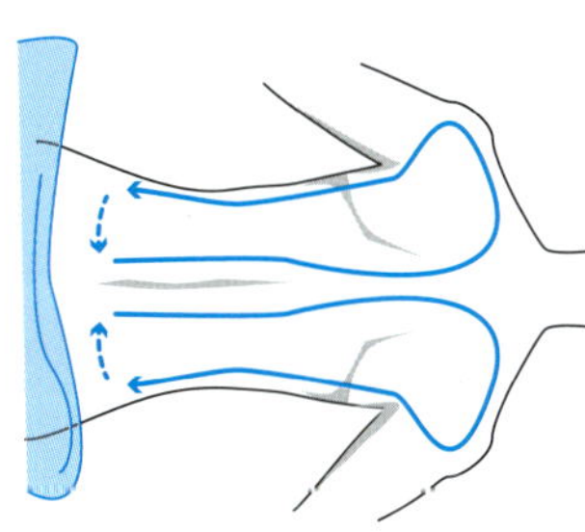
6.	두 손바닥을 겹쳐서 등을 4등분하여 위방향으로 아래-위-아래로 쓰다듬기 한다.	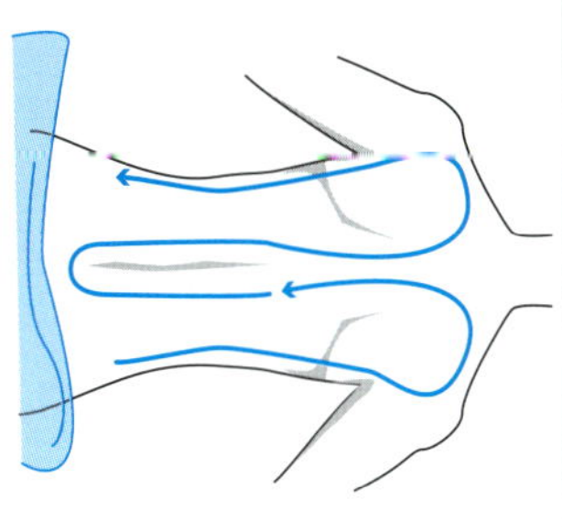

7.	두 손바닥을 포개서 견갑 상부를 8자형으로 쓸어준후 척추기립근 따라서 허리부위까지 내려온다.	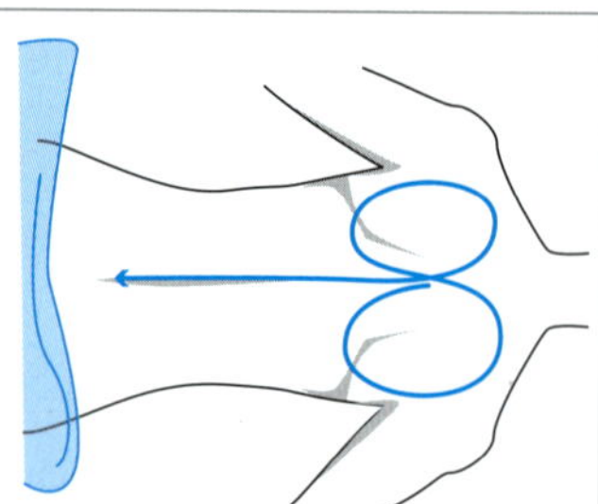
8.	등전체를 5등분하여 등 전체를 쓸어준다. 트리트먼트의 다음동작을 끊기지 않게 하기 위한 가벼운 동작이다. 빠르게 3회정도 반복한다.	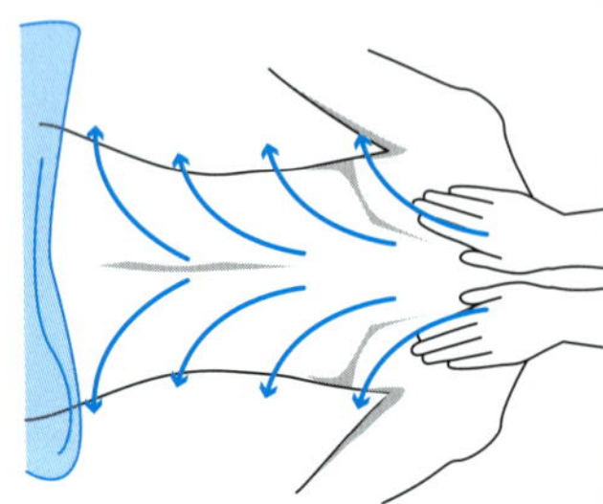
9.	9-1. 등을 양면으로 나누어서 측면에서 손바닥으로 비비듯이 쓰다듬기한다. 어깨에서 허리 방향으로 3회 반복하여 실시한다. 9-2. 검지 손가락을 사용하여 맞잡기한다. 등의 양쪽 측면을 각각 2-3등분하여 1회 실시한다. 9-3. 손가락과 손바닥을 사용하여 척추의 양쪽 기립근에서 옆면방향으로 침대에 닿을 때까지 쓸어내리면서 배액한다.	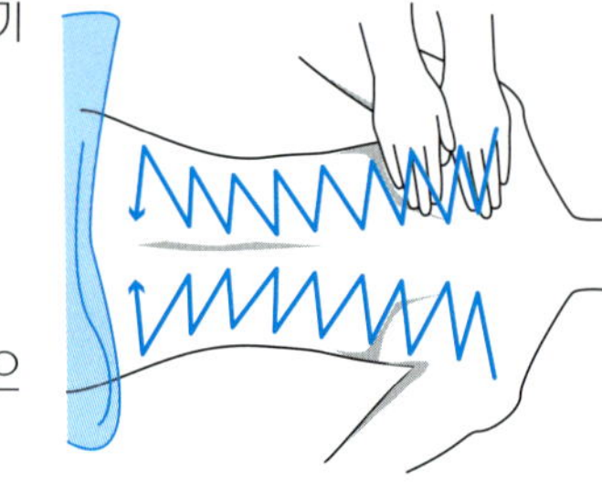 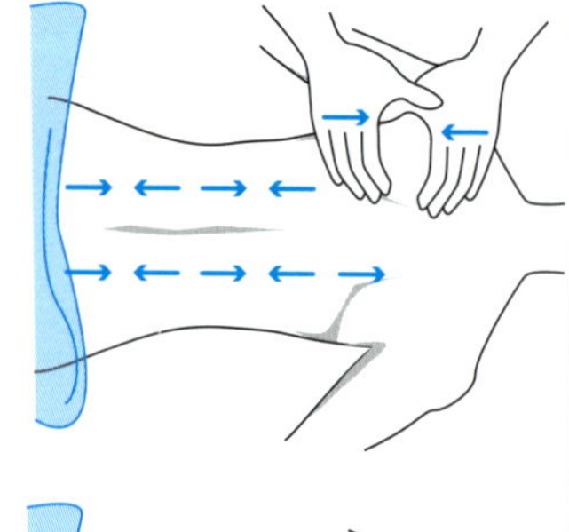 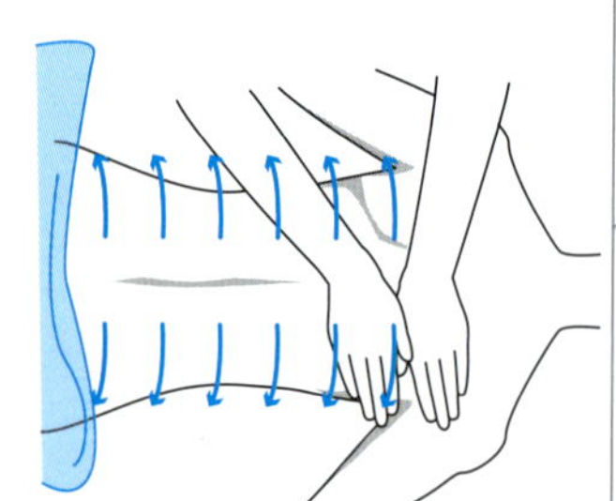

<table>
<tr><td>10.</td><td>등 전체 트리트먼트
양손의 팔의 앞부분(전완)을 이용하여 등 전체를 8자를 그려준다.
지그재그로 트리트먼트하면서 비벼준 후 둔부와 후두(뒷머리) 방향으로 부드럽게 스트레칭해준다.</td><td>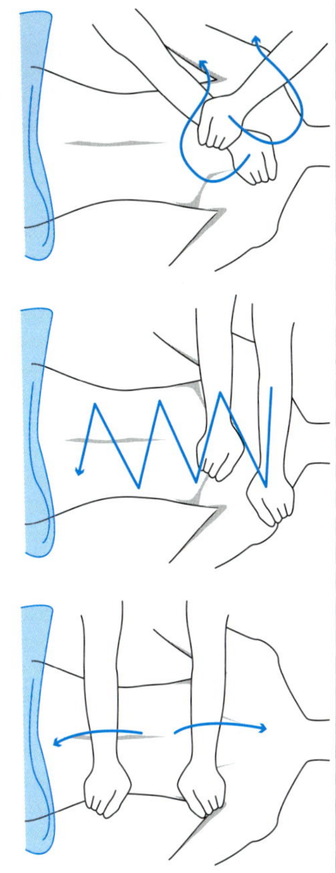</td></tr>
<tr><td>11.</td><td>견갑과 어깨 트리트먼트
견갑을 양손바닥으로 기립근을 향해서 원을 그리고 나서 엄지를 사용하여 승모근따라서 터미누스(쇄골-림프)방향으로 트리트먼트한다.
엄지로 어깨의 승모근 부위를 3등분하여 쓸어내린다.
트리트민드 힌 부위를 엄지 혹은 수근으로 가볍게 쓸어내린다.</td><td>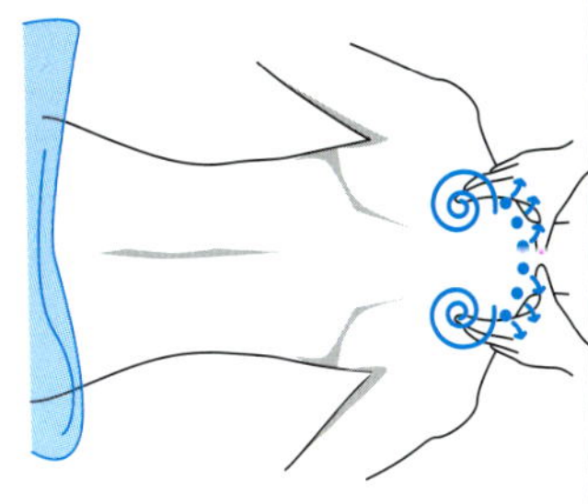</td></tr>
</table>

<table>
<tr><td>12.</td><td>경추 맞잡기
목주위 근육을 이완하기 위해 경추를 주무른다.
고객에게 손을 포개서 머리를 대도록 한다.
주먹을 쥐고 경추와 승모근을 트리트먼트한다.</td><td>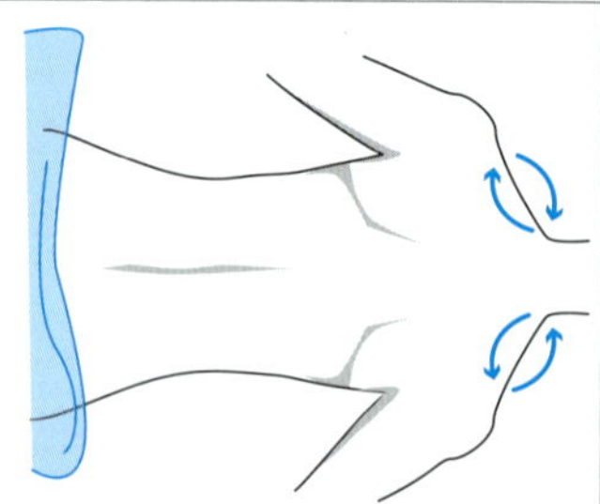</td></tr>
<tr><td>13.</td><td>견갑골 트리트먼트 손바닥을 이용하여 견갑골 상단을 쓸어 준 후 견갑골을 어깨로 향하여 쓸어 올린다.
견갑골 따라서 엄지롤 지그재그 트리트먼트한다.
고객에게 안정감을 주기위해 고객의 손바닥에 시술자의 손을 얻혀 놓는다.
반대 쪽도 트리트먼트한다.</td><td>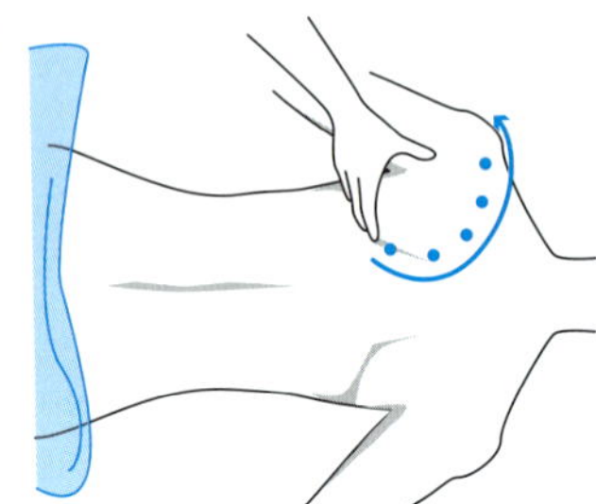</td></tr>
<tr><td>14.</td><td>등 전체 쓰다듬기
목에서부터 양손바닥을 이용해서(전나무 모양) 둔부방향으로 등의 기립근을 따라서 내려간 후 ① 골반을 따라 둥글게 굴려준 후에 손끝이 침대에 닿을 정도로 등의 옆면을 따라서 올라와서 견갑에서 다시 중앙으로 손을 모아서 다시 내려간다. ②번째는 허리부분을 따라서 둥글게 굴려준 후 올라와서 견갑에서 손을 모아서 연수로 가서 지압한다.</td><td>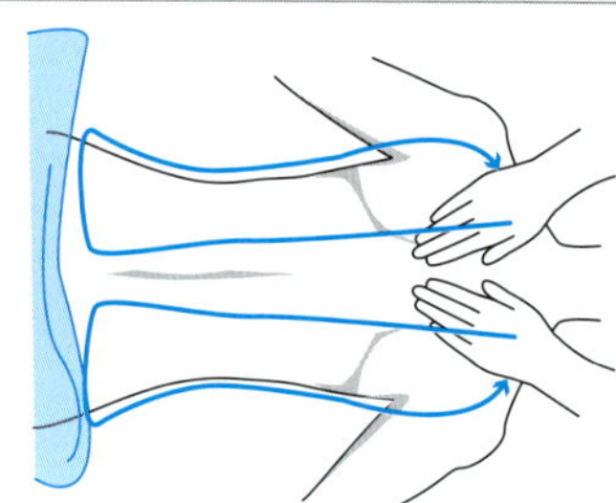</td></tr>
<tr><td>15.</td><td>요추 트리트먼트
꼬리뼈쪽 엉덩이 선을 엄지로 굴려준다. (안-밖)굴려 줄때는 꼬리뼈 쪽에서 골반쪽을 향하여 굴려준다.</td><td>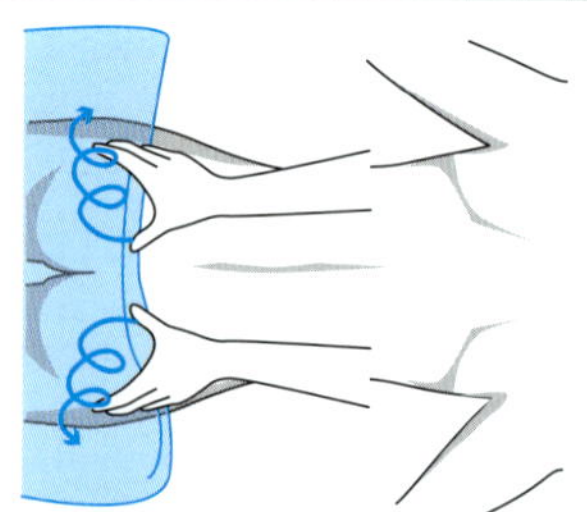</td></tr>
<tr><td>16.</td><td>손바닥으로 둔부부위를 가볍게 쓰다듬어준다. 둔부 라인 따라서 오일을 도포한다.(손바닥으로 둔부부위를 돌려가며 쓰다듬어 준다)</td><td>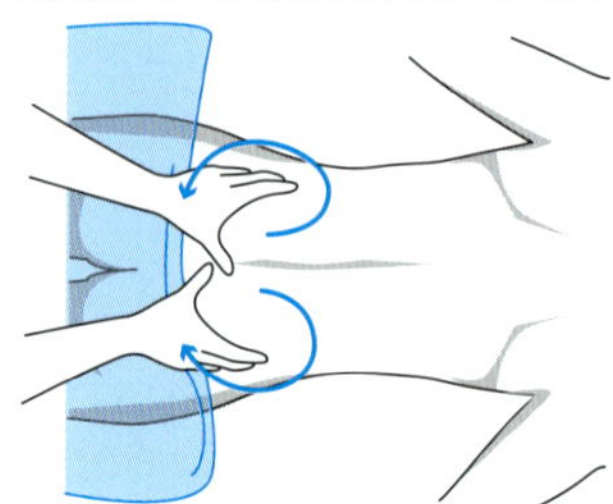</td></tr>
</table>

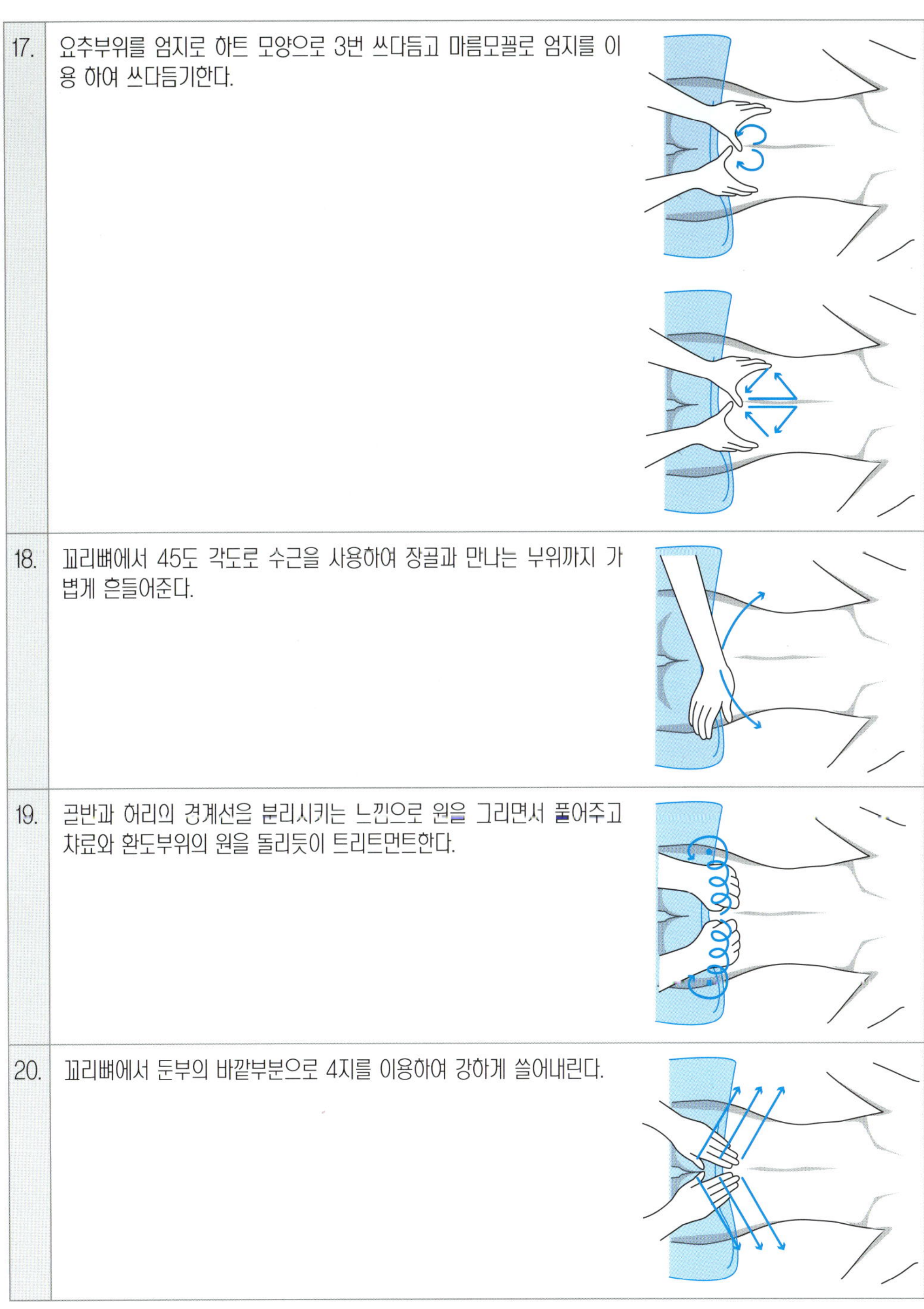

17.	요추부위를 엄지로 하트 모양으로 3번 쓰다듬고 마름모꼴로 엄지를 이용 하여 쓰다듬기한다.	
18.	꼬리뼈에서 45도 각도로 수근을 사용하여 장골과 만나는 부위까지 가볍게 흔들어준다.	
19.	골반과 허리의 경계선을 분리시키는 느낌으로 원을 그리면서 풀어주고 차료와 환도부위의 원을 돌리듯이 트리트먼트한다.	
20.	꼬리뼈에서 둔부의 바깥부분으로 4지를 이용하여 강하게 쓸어내린다.	

21.	2번 동작 반복하여 마무리한다.	

(3) 등 관리 마무리

① 온습포를 등에 올려놓고 등 전체를 스트레칭해 준다.

② 어깨부위를 가볍게 주물러 준다.

③ 등 상부로부터 하부까지 등 전체를 깨끗하게 닦아준다.

④ 토너(toner)를 적용한 화장솜을 이용하여 등 전체를 정돈한 후 건조시킨다.

(4) 등 부위 응용 트리트먼트 실습

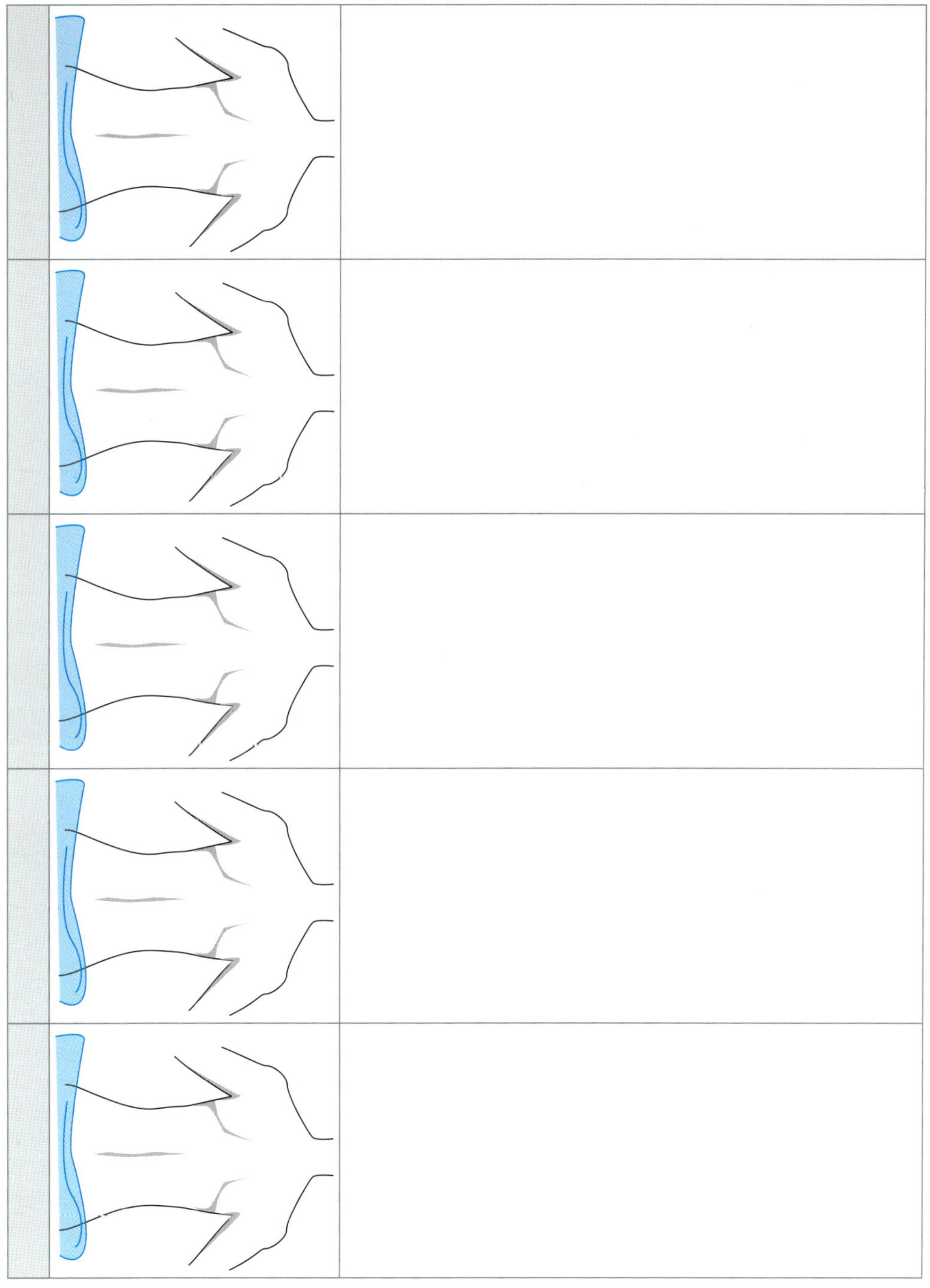

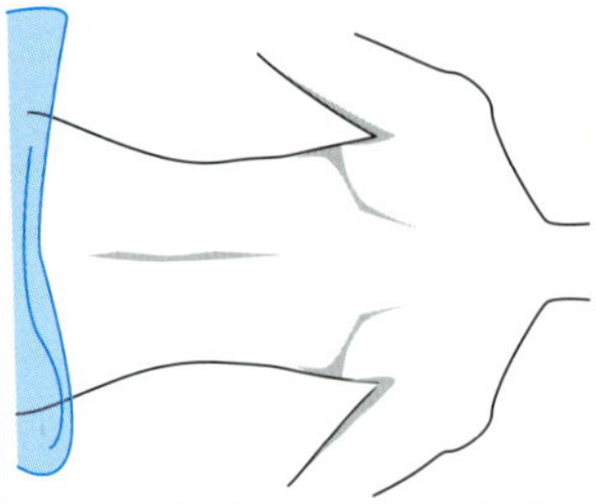

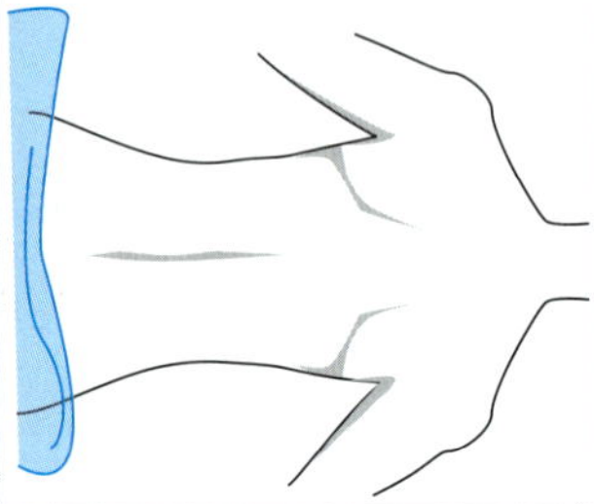

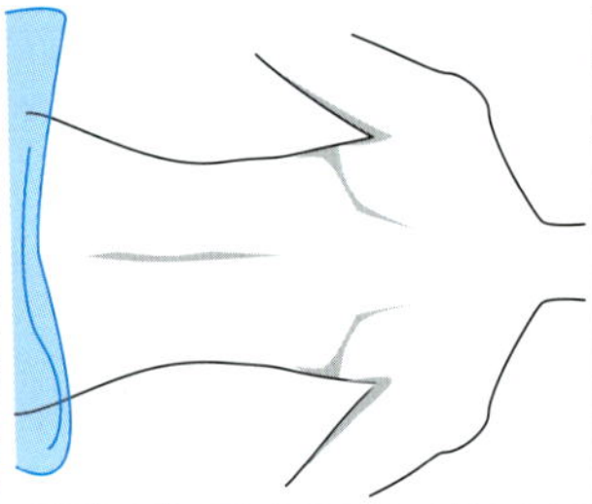

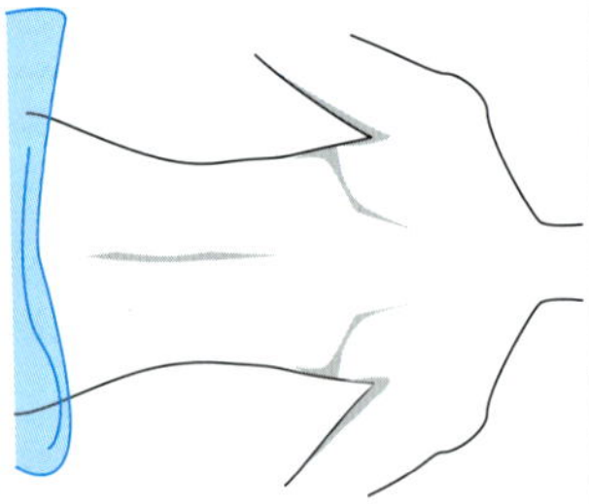

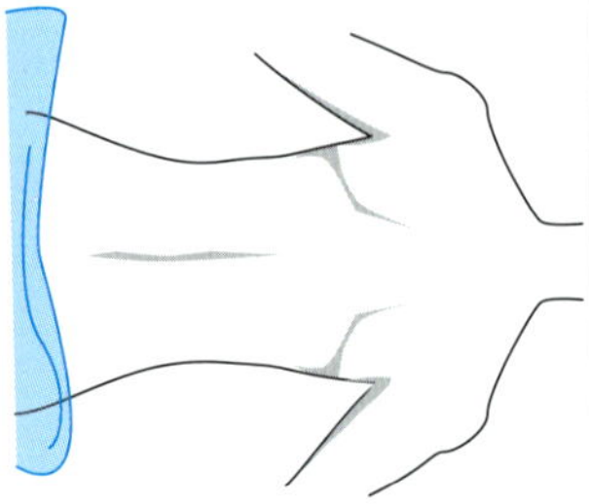

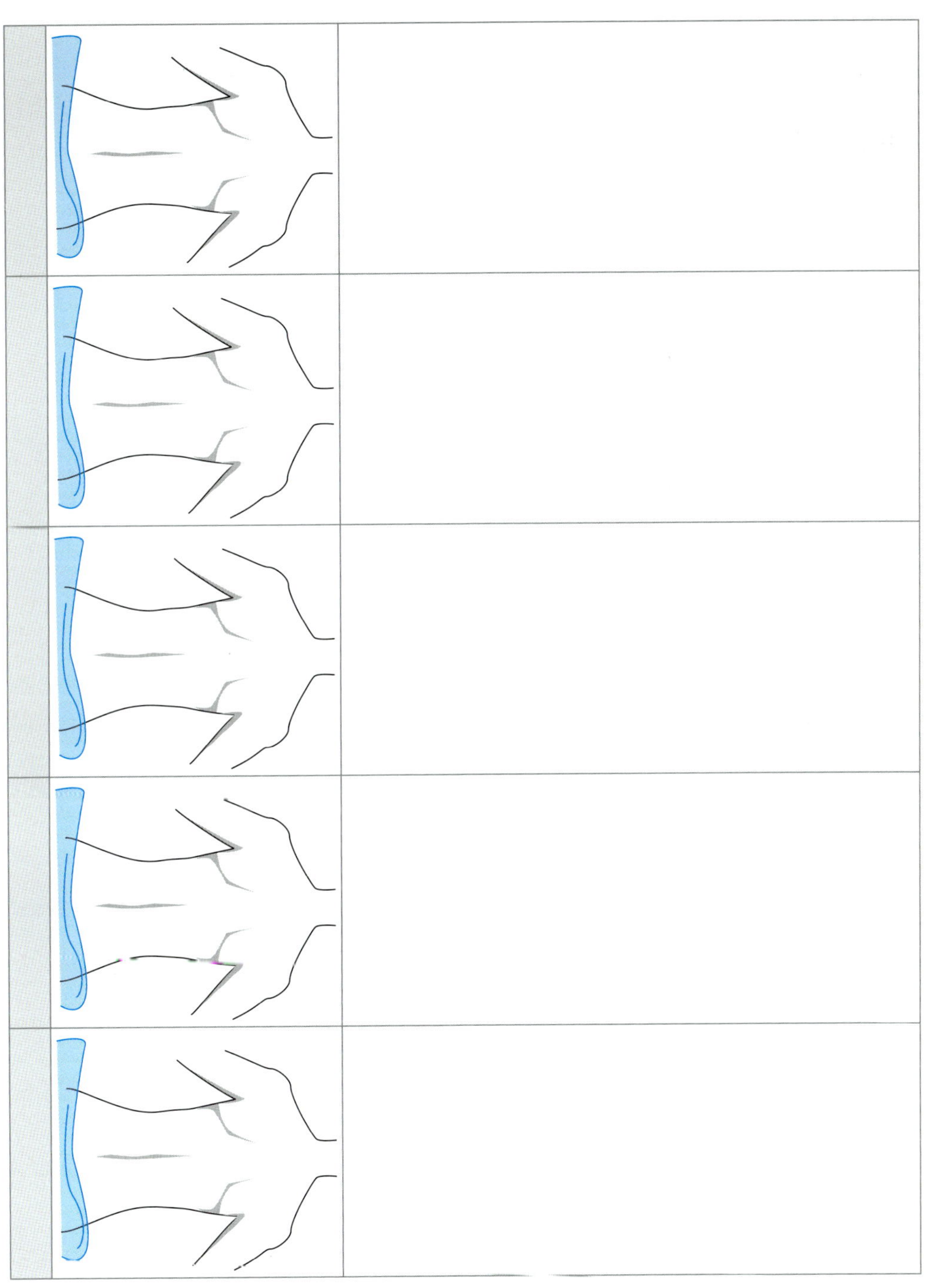

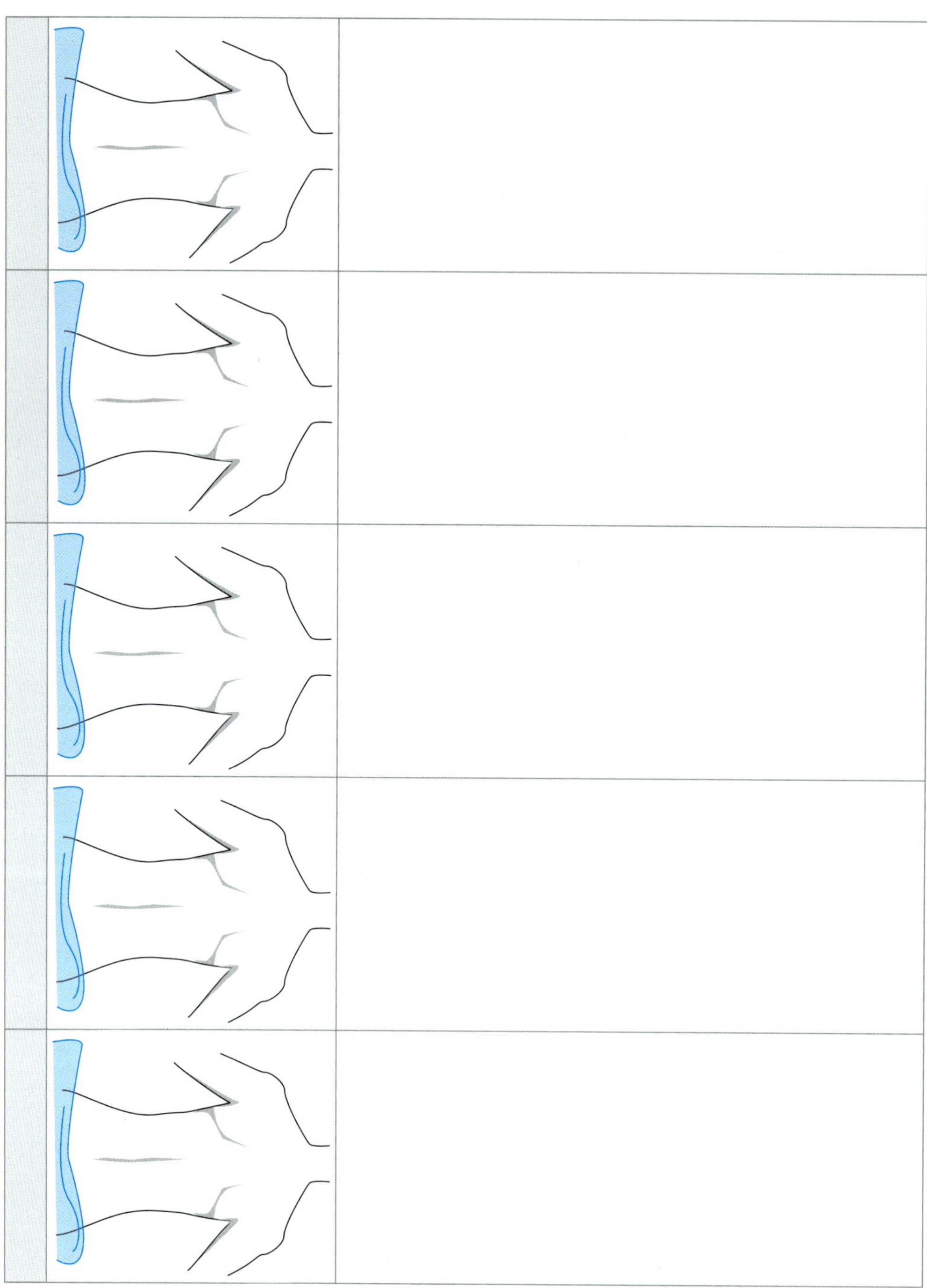

03. 다리 부위 트리트먼트

1. 다리 부위 트리트먼트 개요

다리는 신체의 아래쪽에 위치하여 체중을 지탱하고 몸의 균형을 유지하기 위한 중요한 신체 부위이다. 그러나 장시간 서 있거나 같은 자세로 생활하게 되면 다리에 피로가 누적되고 혈액 순환과 림프 순환이 저하되면서 부종이나 하지 정맥류 같은 질환이 발생될 수 있다. 따라서 트리트먼트를 통한 꾸준한 다리 관리는 긴장된 다리 근육을 이완시키고 원활한 혈액 및 림프 순환을 통해 피로 물질을 제거하여 다리의 피로감을 해소하고 셀룰라이트 등 불필요한 지방을 연소시켜 아름다운 다 리모양을 만드는데 도움을 준다.

(1) 다리 관리의 목적

과 긴장된 다리 근육을 이완시키고 혈액 순환과 림프 순환을 촉진시켜 다리의 피로감을 해소하고, 다리에 발생될 수 있는 다양한 문제점들을 예방하며 아름다운 다리 모양을 만드는 데 목적이 있다.

(2) 다리 관리의 효과

① 긴장된 다리근육을 이완시켜 움직임을 자유롭게 하고 다리근육 통증을 완화 한다.

② 림프 순환 및 혈액 순환을 증진시켜 다리 부종, 무거움, 정맥류, 마비 등의 증상을 완화하고 예방한다.

③ 다리에 자주 발생되는 셀룰라이트 등 불필요한 지방의 연소를 도와 아름다운 각선미를 만드는 데 도움을 준다.

(3) 다리의 주요 뼈대 및 근육

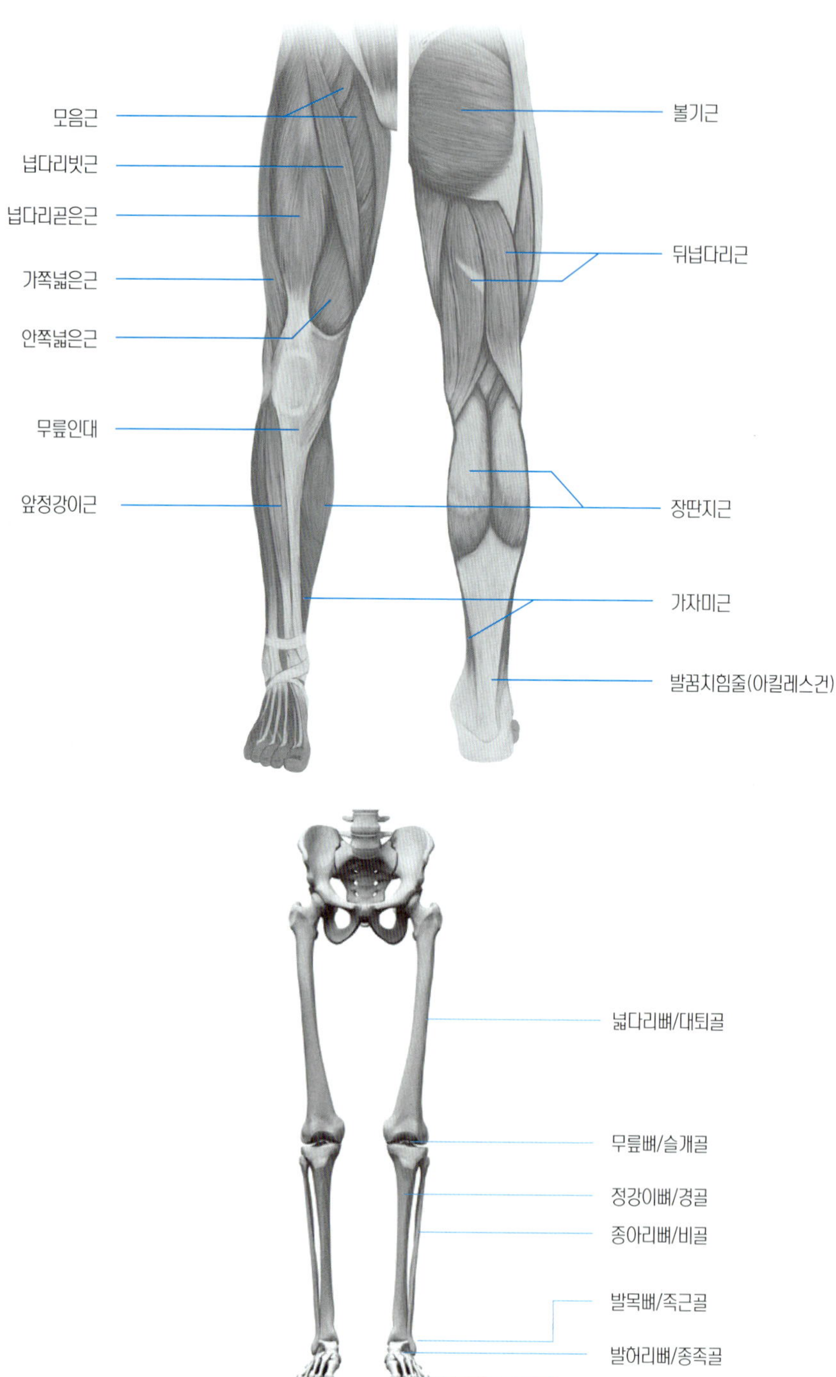

2. 다리 부위 트리트먼트 매뉴얼 테크닉 실습

(1) 준비

① 시술자의 손을 깨끗이 소독한다.

② 마른 타월로 다리를 덮어 준 후 다리 전체를 스트레칭 해 준다.

③ 토너를 적용한 화장솜을 이용하여 다리 상부부터 발바닥까지 깨끗이 닦아 정돈한다.

④ 관리하지 않는 한쪽 다리는 마른 타월로 덮어 둔다.

⑤ 피부 유형에 적합한 오일 또는 크림 등의 트리트먼트 제품을 선택하여 관리하는 다리 전체에 고루 바른다.

(2) 다리 부위 트리트먼트 매뉴얼 테크닉 순서

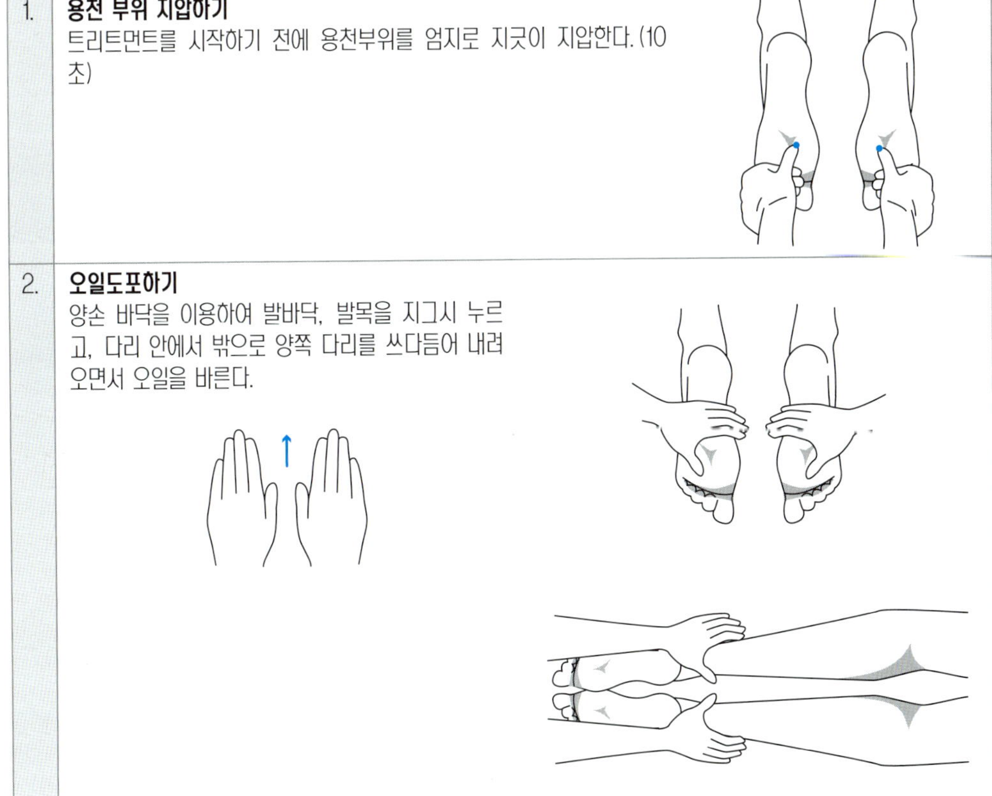

1.	**용천 부위 지압하기** 트리트먼트를 시작하기 전에 용천부위를 엄지로 지긋이 지압한다.(10초)
2.	**오일도포하기** 양손 바닥을 이용하여 발바닥, 발목을 지그시 누르고, 다리 안에서 밖으로 양쪽 다리를 쓰다듬어 내려오면서 오일을 바른다.

2.	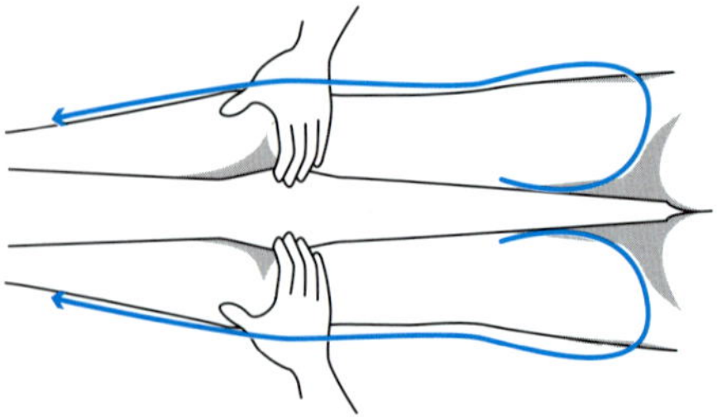
3.	**한쪽 다리 쓰다듬기** 양손바닥을 나란히 하여 오른쪽 다리를 발목에서 대퇴부까지 올라갔다가 옆면따라 내려온다. 트리트먼트 하지 않는 다리는 타올로 덮어둔다. 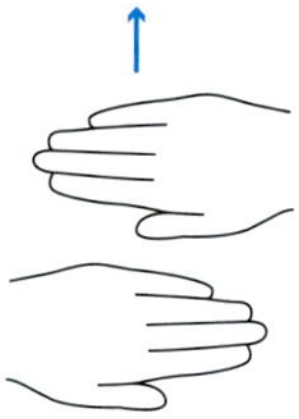 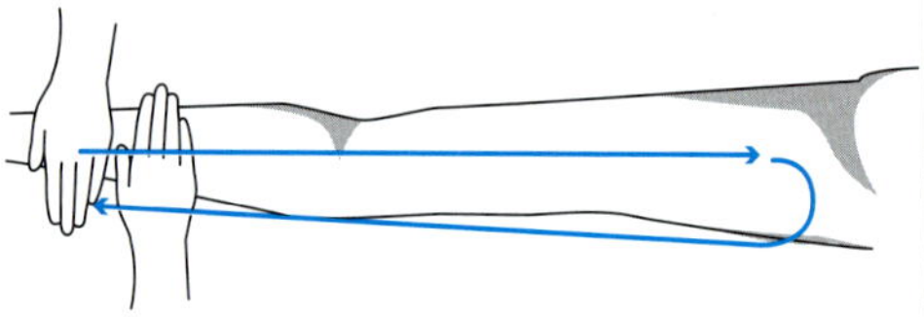
4.	**종아리 쓰다듬기** 종아리 부위를 깊이 쓰다듬기 한다. 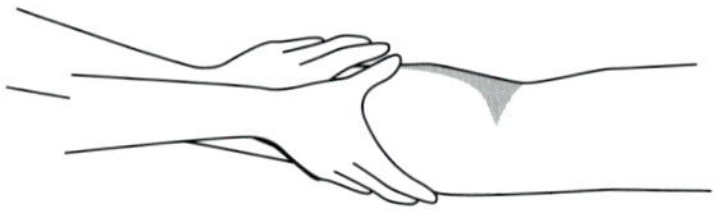
5.	**종아리 압주기** 엄지수근을 이용하여 무릎위 슬와부위까지 종아리를 쪼개면서 압을 주면서 트리트먼트하여 올라갔다가 다리 옆면을 따라서 내려온다. 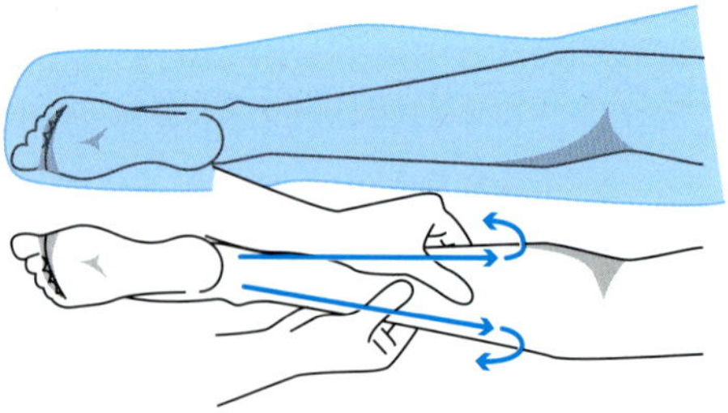
6.	**종아리 세워 쓸어올리기** 한손으로 발목을 들어 종아리를 세운 상태에서 다른 한손으로 비복근을 발목에서부터 슬와로 쓰다듬기 한다. 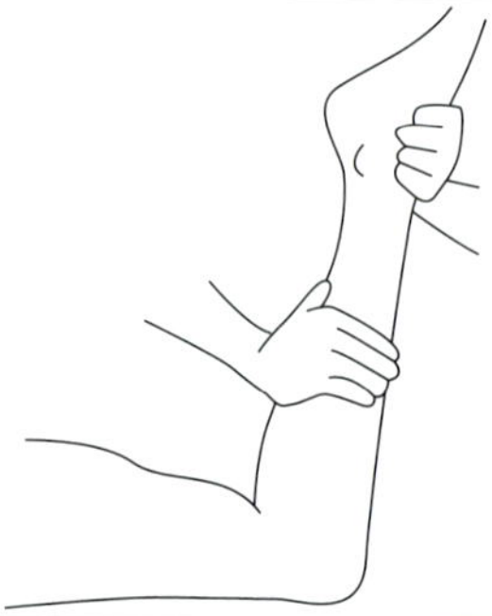

7.	**종아리 반죽하기** 양손을 종아리근육에 평편하게 둔 상태로 집어주고 이완하고 하는 동작을 부드럽게 실시한다. 엄지와 사지를 사용한다.	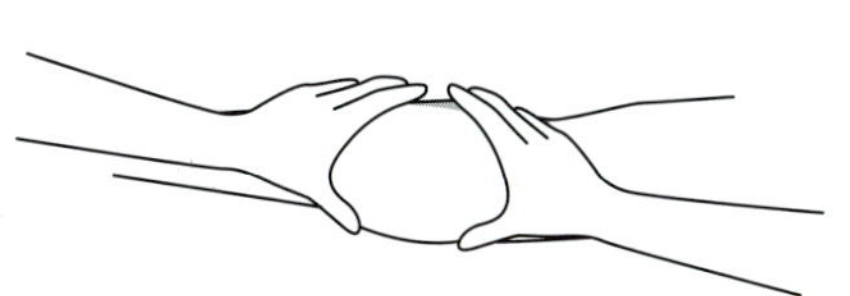
8.	**대퇴부 반죽하기** 종아리부위가 끝나면 대퇴부로 옮겨서 다리 전체에 양손을 사용하여 반죽하기를 한다. 대퇴부 안쪽과 바깥쪽 2부분으로 나누어 실시한다.	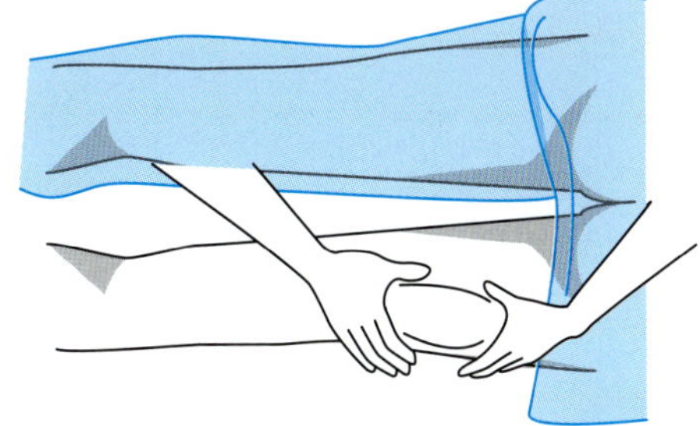
9.	**대퇴부 트리트먼트하기** 대퇴부 부위를 비비기 동작을 실시한다.	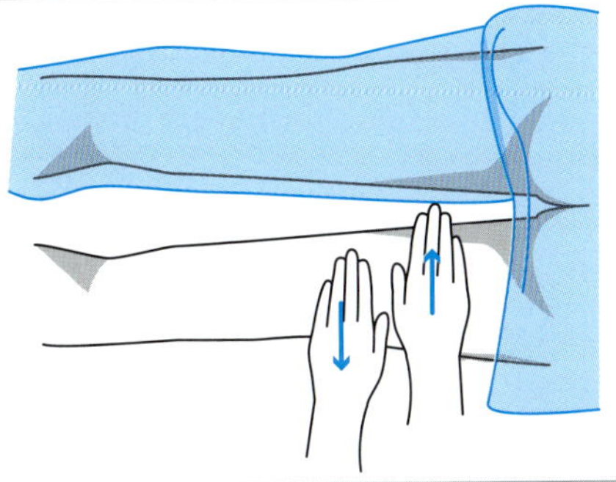
10.	**대퇴부 3선 쓰다듬기** 대퇴부 부위를 양엄지를 사용하여 세부위로 나누어 부채살 모양으로 아래에서 위로 쓰다듬어 준다.	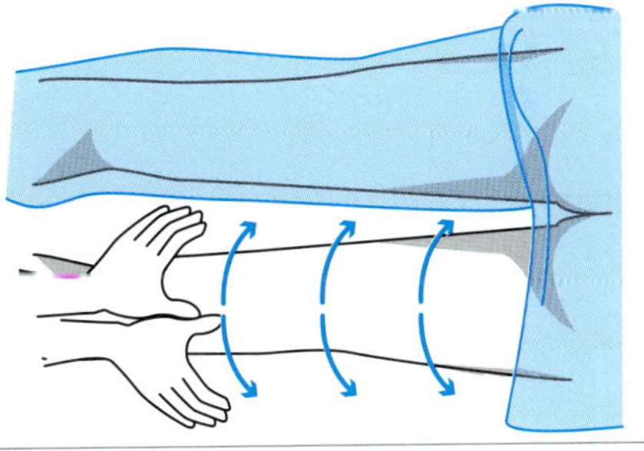

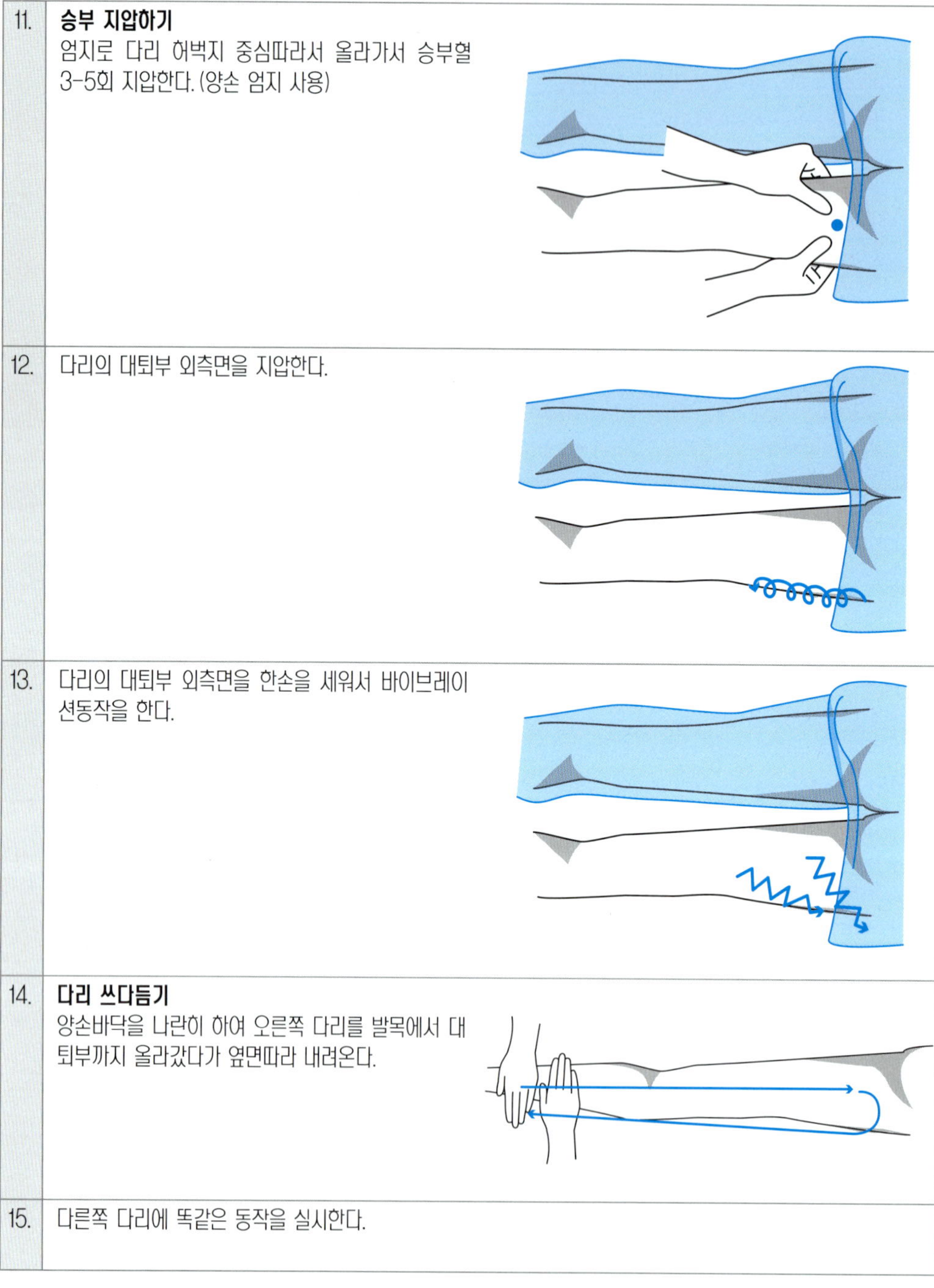

11.	**승부 지압하기** 엄지로 다리 허벅지 중심따라서 올라가서 승부혈 3-5회 지압한다.(양손 엄지 사용)
12.	다리의 대퇴부 외측면을 지압한다.
13.	다리의 대퇴부 외측면을 한손을 세워서 바이브레이션동작을 한다.
14.	**다리 쓰다듬기** 양손바닥을 나란히 하여 오른쪽 다리를 발목에서 대퇴부까지 올라갔다가 옆면따라 내려온다.
15.	다른쪽 다리에 똑같은 동작을 실시한다.

(3) 다리 후면 응용 매뉴얼 테크닉 실습

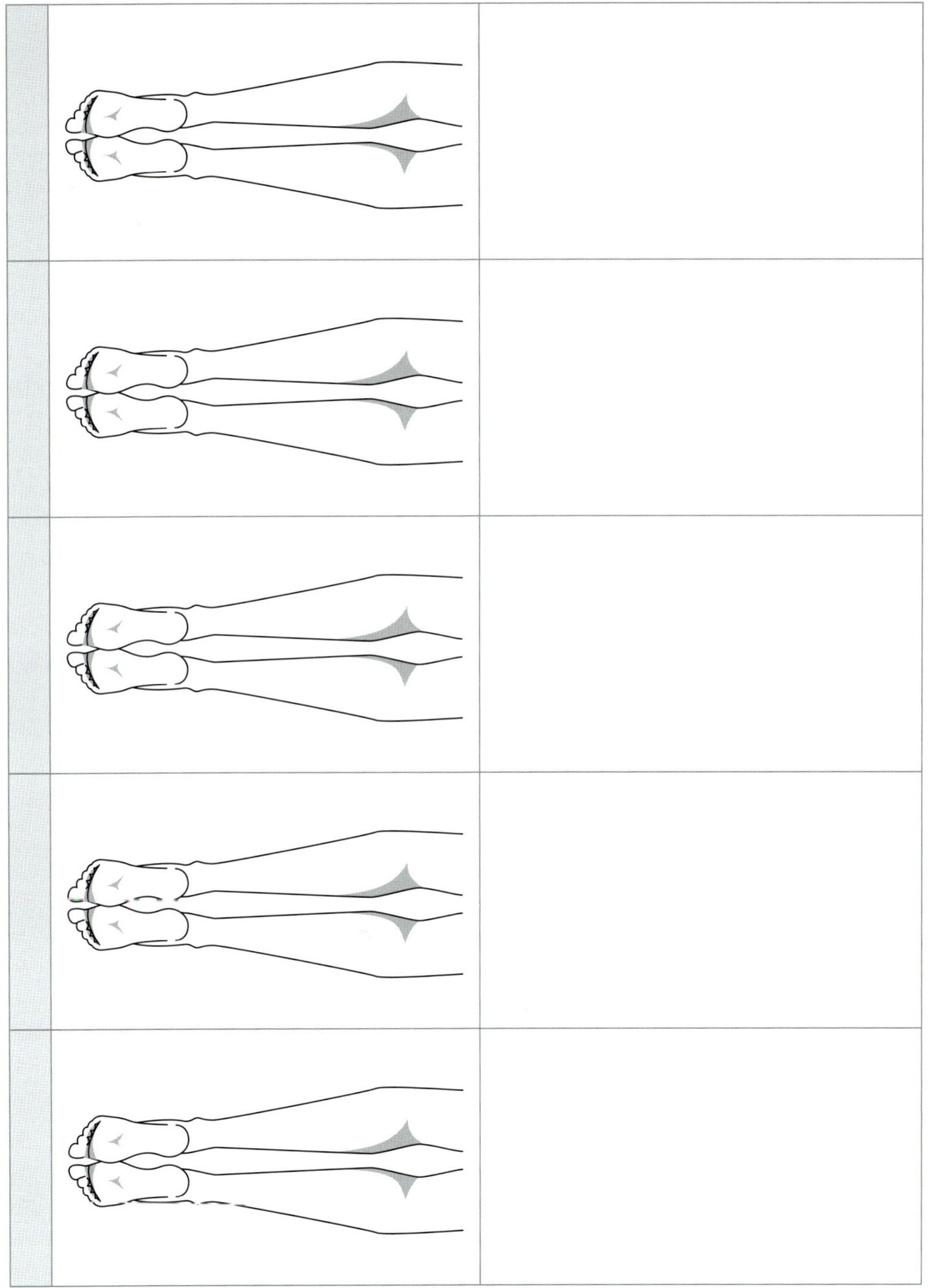

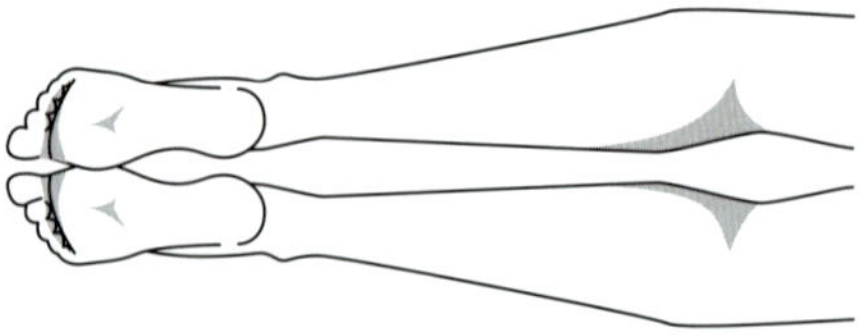

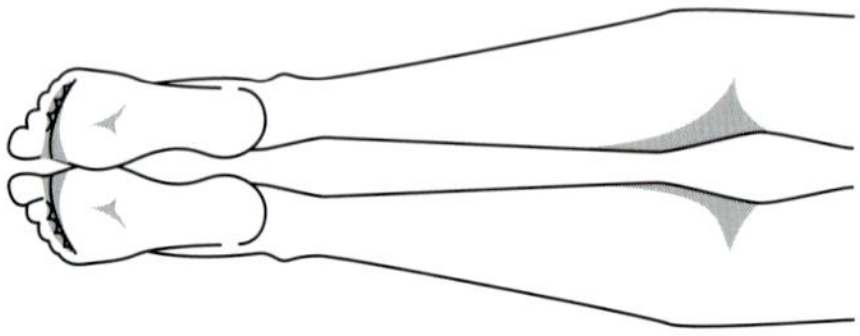

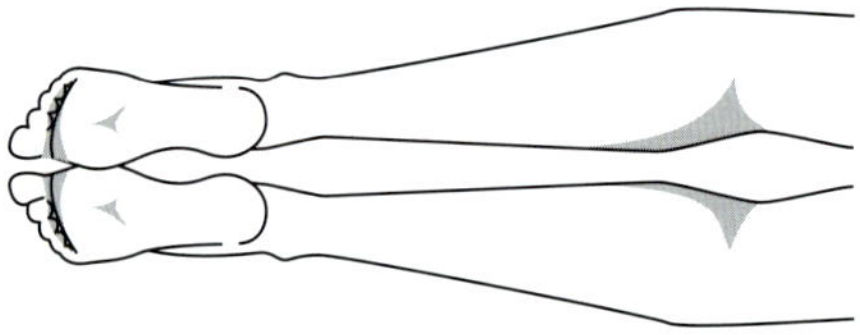

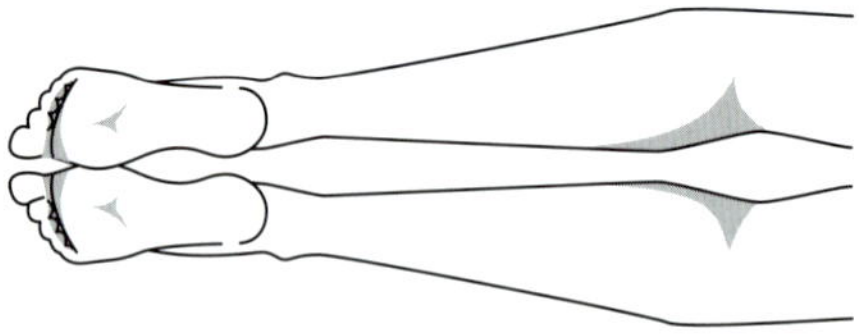

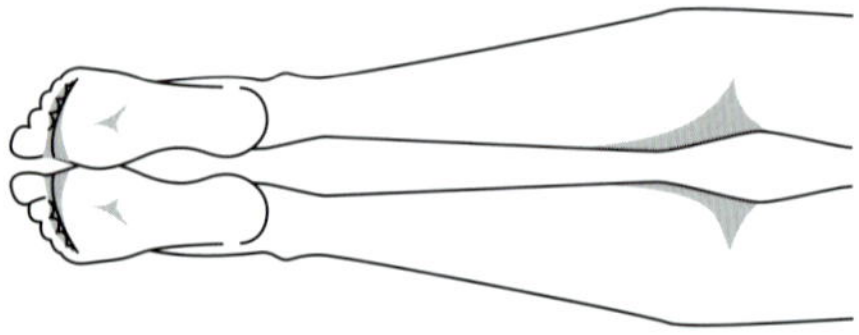

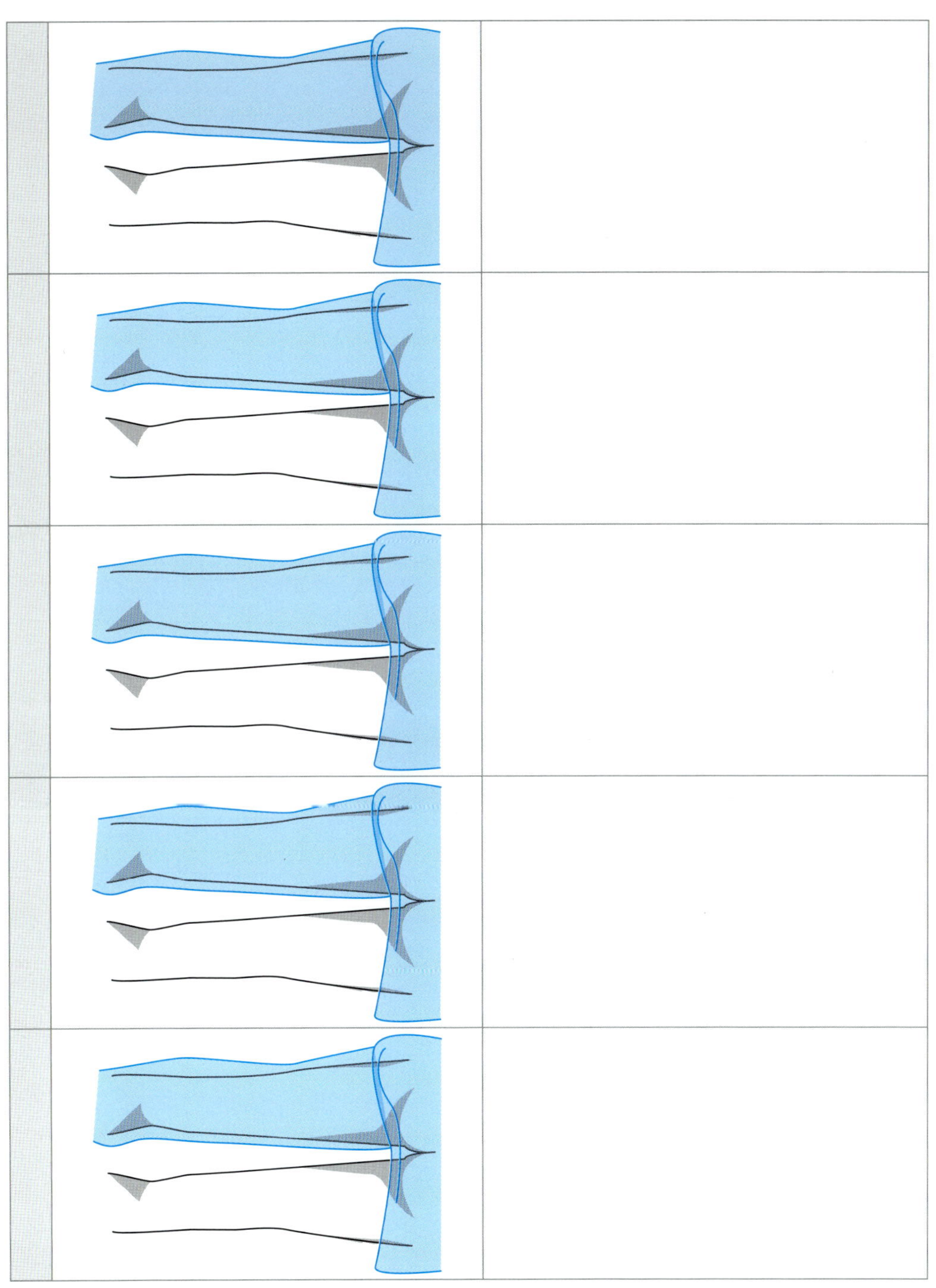

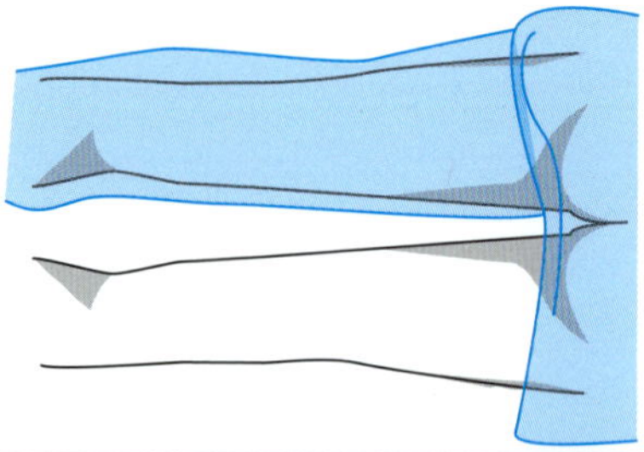

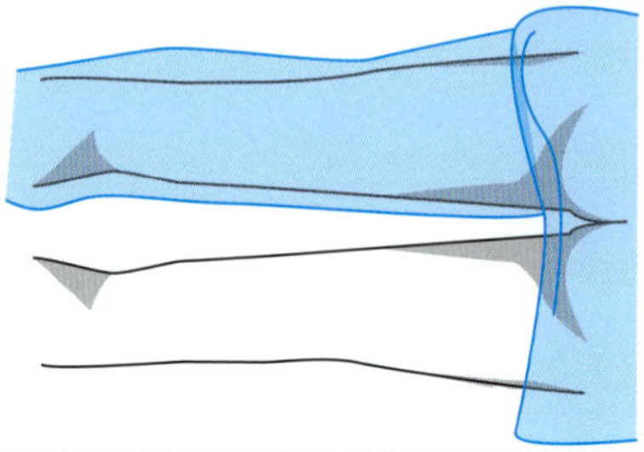

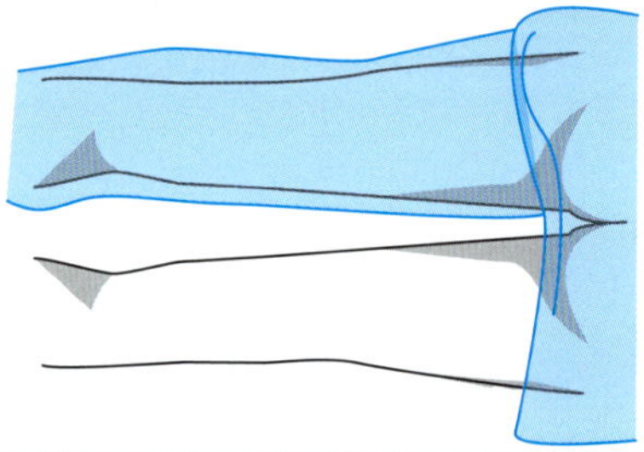

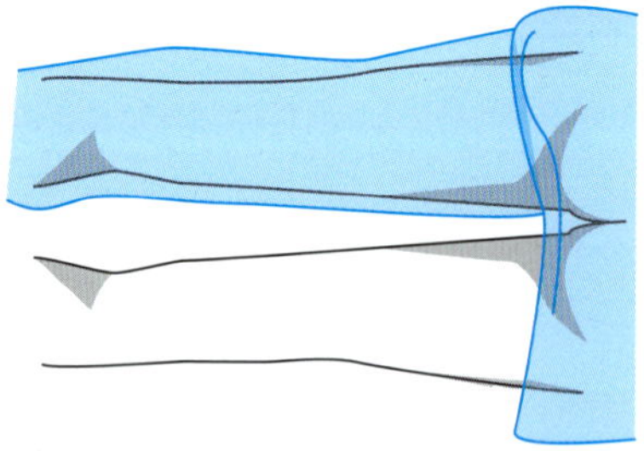

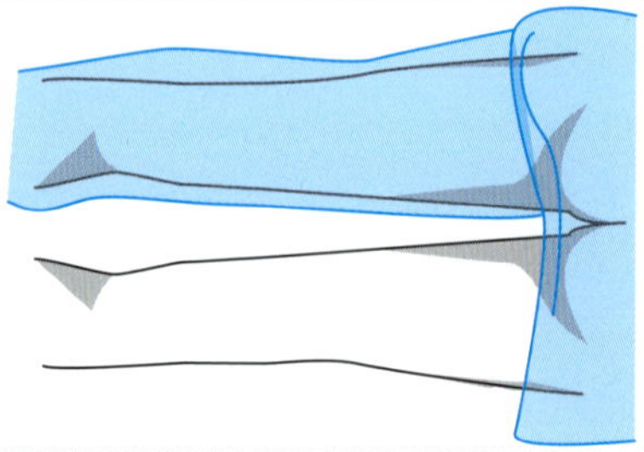

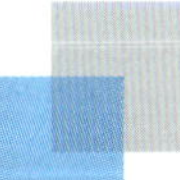

(4) 다리 전면 트리트먼트 동작

<table>
<tr><td></td><td>다리관리 준비
① 관리 부위를 제외한 나머지 부위는 노출되지 않도록 대형타올로 다리를 제외한 부분을 덮어준다.
② 중형타올을 오른쪽 다리부분 밑에 깔아둔다.

다리 클렌징
토너를 묻힌 화장솜 4개를 이용해 다리 전체를 닦아내 준다.
발 등 및 발가락 사이까지 꼼꼼하게 닦는다.</td><td>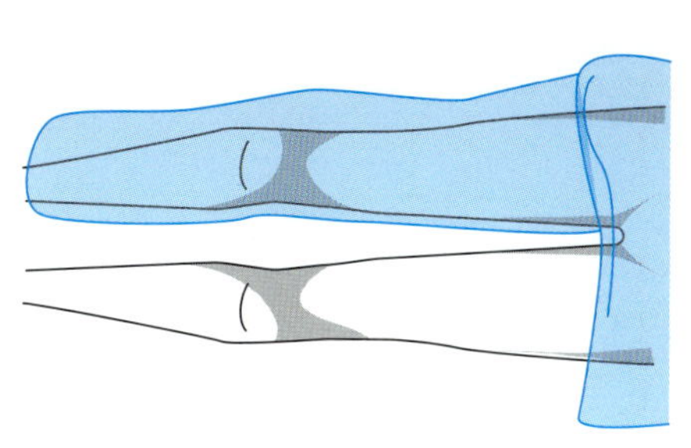</td></tr>
<tr><td>1.</td><td>양손 바닥을 이용하여 발바닥, 발목, 양쪽 다리에 오일을 바른다.</td><td>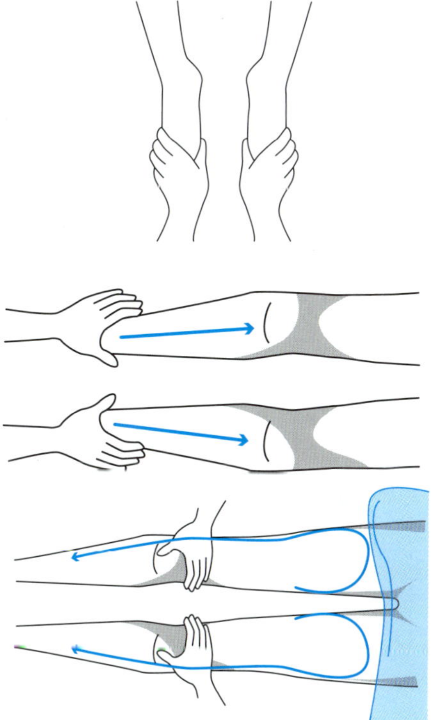</td></tr>
<tr><td>2.</td><td>양손으로 다리 쓰다듬기
오른다리를 양 손바닥을 붙여 발목에서부터 슬개골 부분은 피하고 3번식 쓰다듬기로 대퇴부까지 올라간 후 다리 옆면따라 내려온다.</td><td>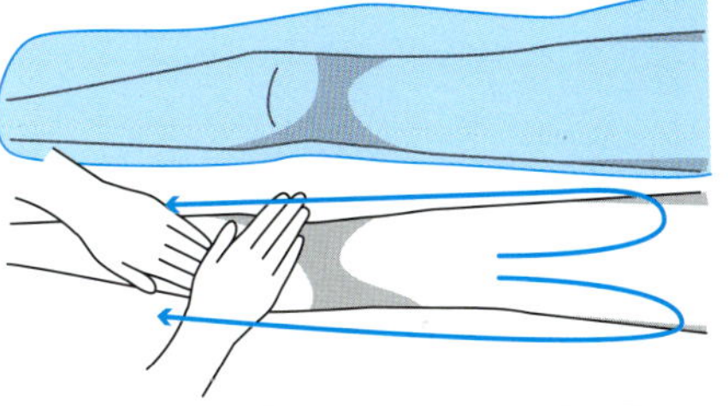</td></tr>
</table>

3.	**종아리 쓰다듬기** 종아리의 내측면과 외측면을 수근을 사용하여 위방향으로 쓸어올린다. 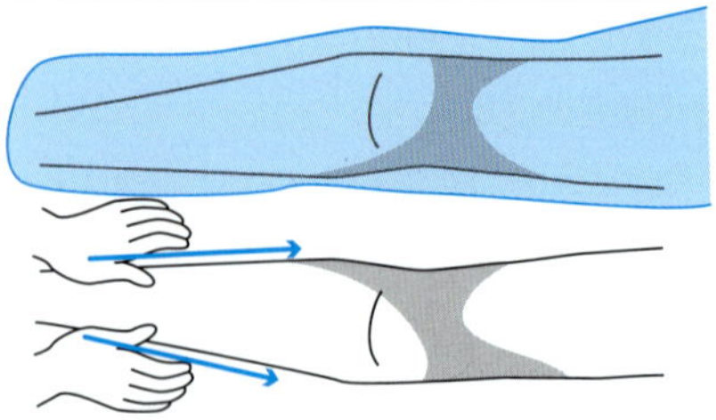
4.	**대퇴부 3선 쓰다듬기** 대퇴부를 3등분하여 쓰다듬어 올린다. 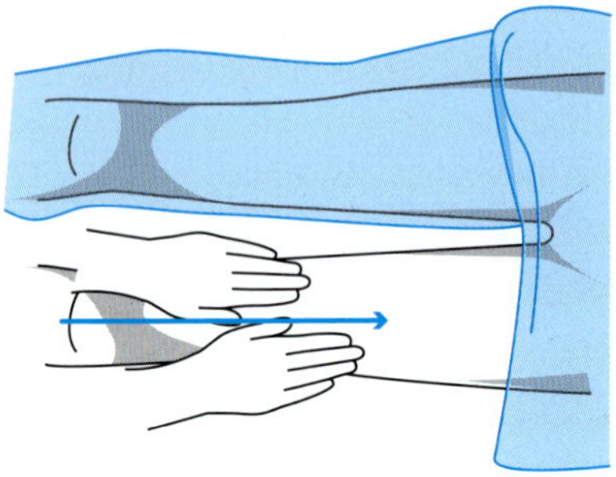 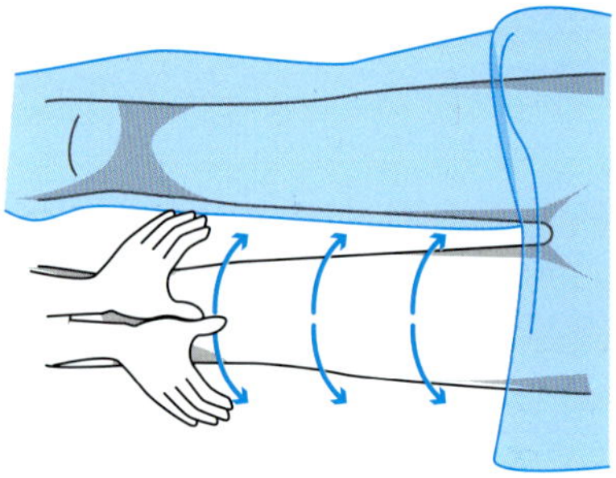
5.	**대퇴부 내측 트리트먼트하기** ① 오른 다리대퇴부의 내측을 무릎에서부터 두손을 평행하게 놓고 손바닥으로 비벼준다. ② 오른다리 대퇴부 내측을 무릎에서부터 한손의 엄지와 다른 손의 4지를 이용하여 반죽하기 한다. 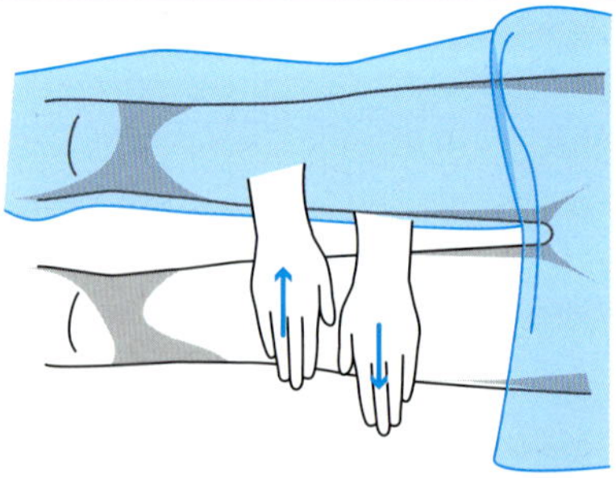 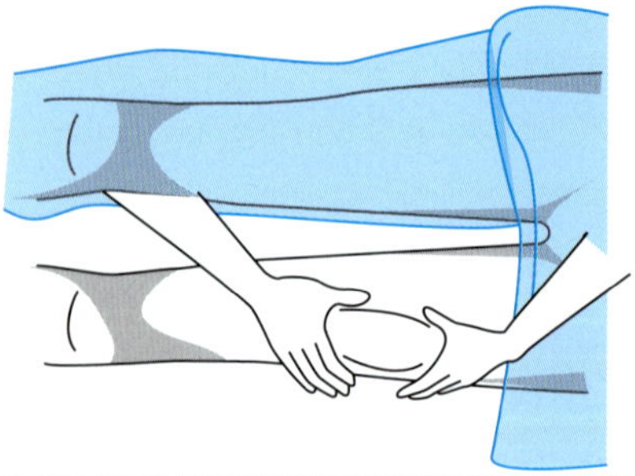

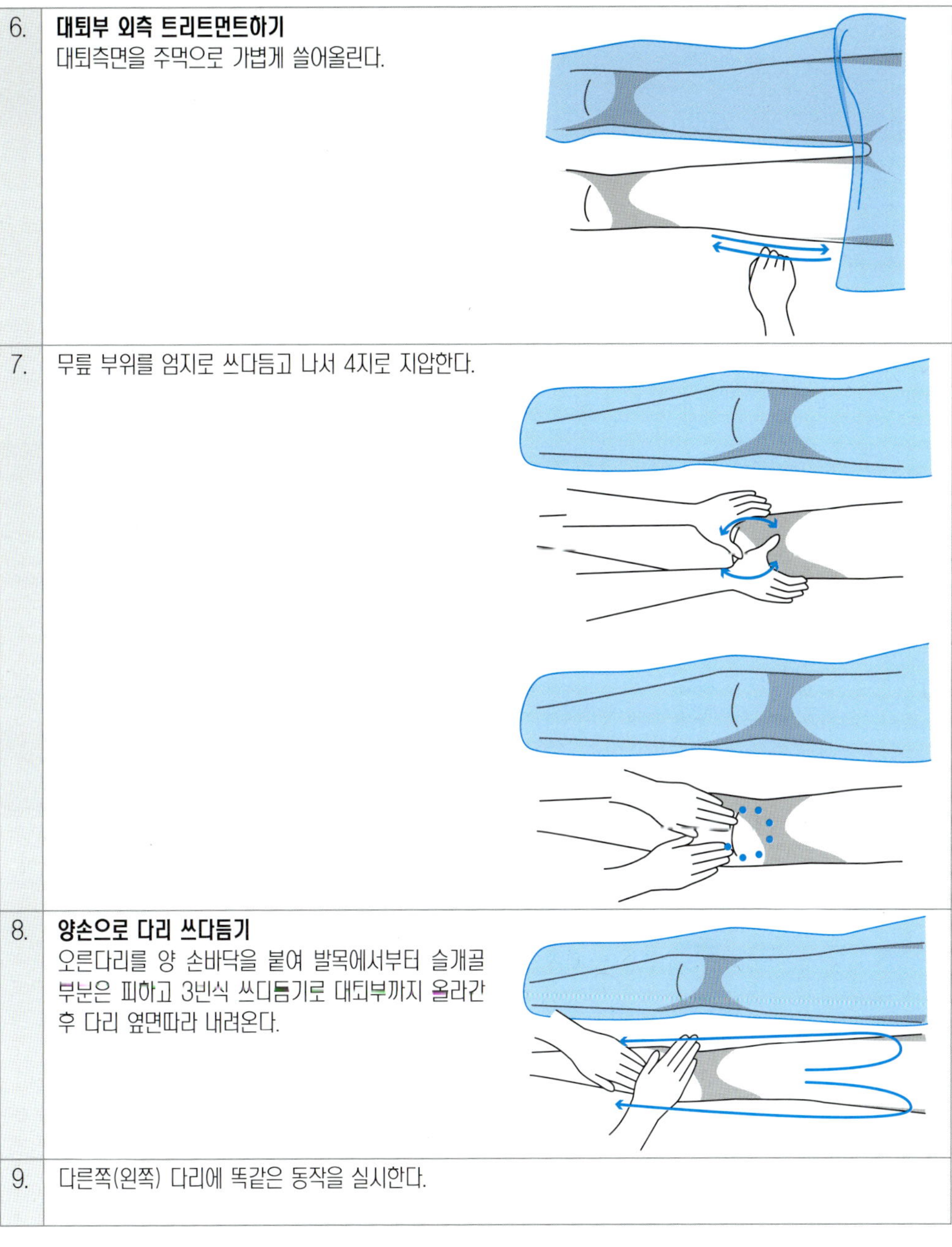

6.	**대퇴부 외측 트리트먼트하기** 대퇴측면을 주먹으로 가볍게 쓸어올린다.
7.	무릎 부위를 엄지로 쓰다듬고 나서 4지로 지압한다.
8.	**양손으로 다리 쓰다듬기** 오른다리를 양 손바닥을 붙여 발목에서부터 슬개골 부분은 피하고 3번식 쓰다듬기로 대퇴부까지 올라간 후 다리 옆면따라 내려온다.
9.	다른쪽(왼쪽) 다리에 똑같은 동작을 실시한다.

(5) 다리 관리 마무리

각각의 다리 부위(다리 후면, 다리 전면) 관리를 마친 후 다음과 같은 순서로 마무리 한다.

① 온습포를 등에 올려놓고 다리 전체를 스트레칭해 준다.

② 발목부터 넓적다리 상부까지 가볍게 주물러 준다.

③ 다리 상부부터 발가락 사이까지 다리 전체를 깨끗하게 닦아 준다.

④ 토너를 적용한 화장솜을 이용하여 다리 전체를 정돈한 후 건조시킨다.

(6) 다리 전면 응용 트리트먼트 실습

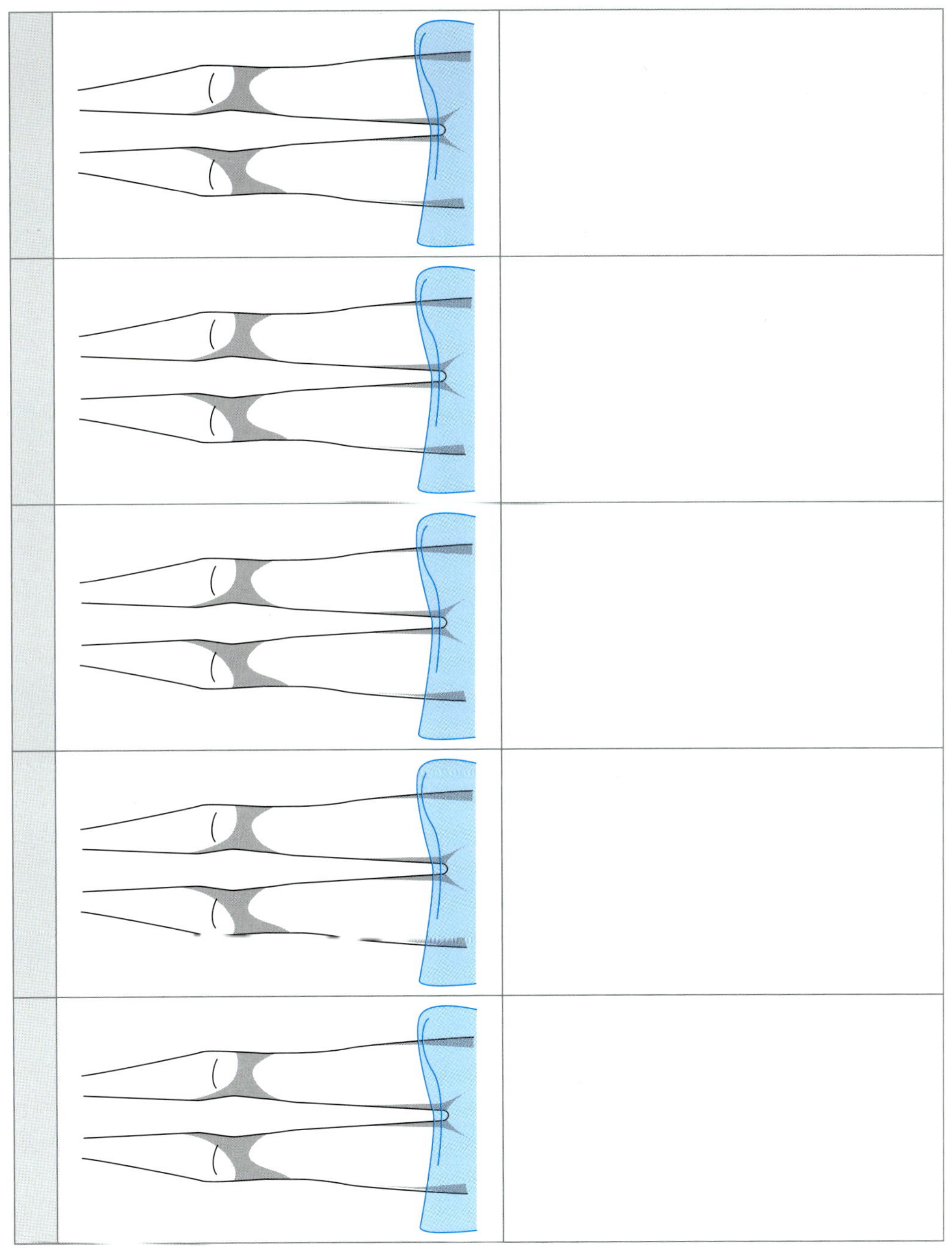

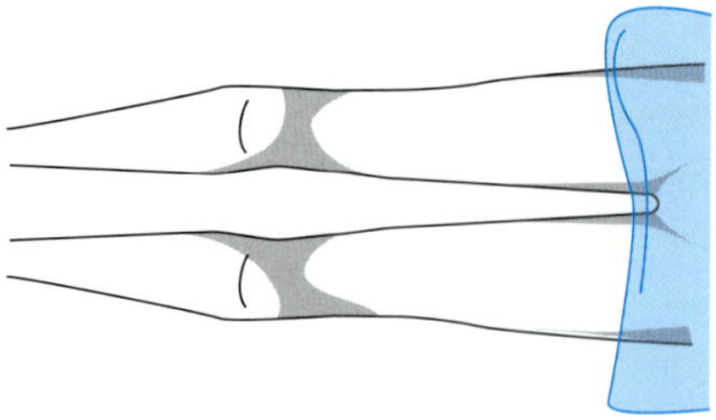

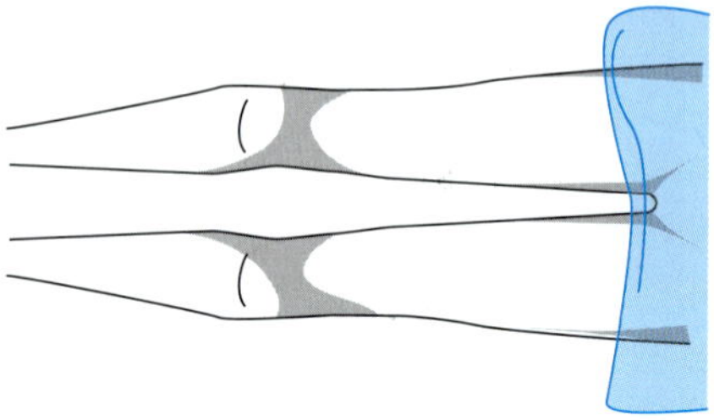

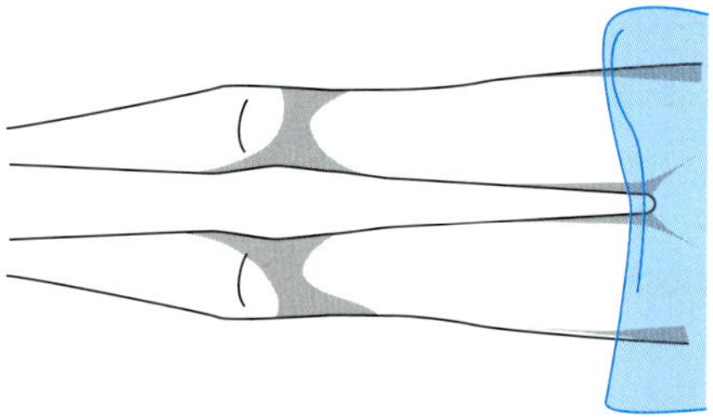

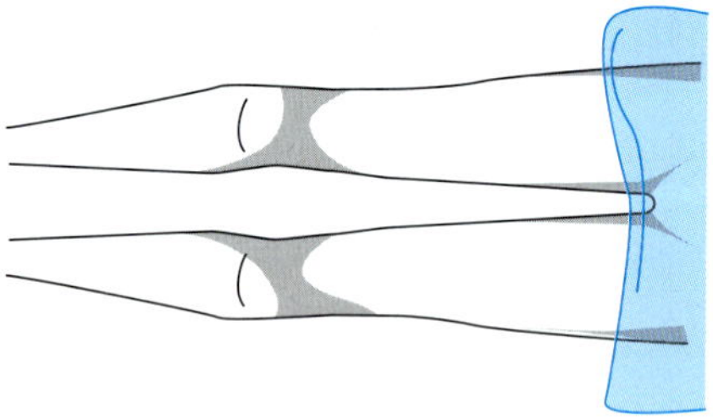

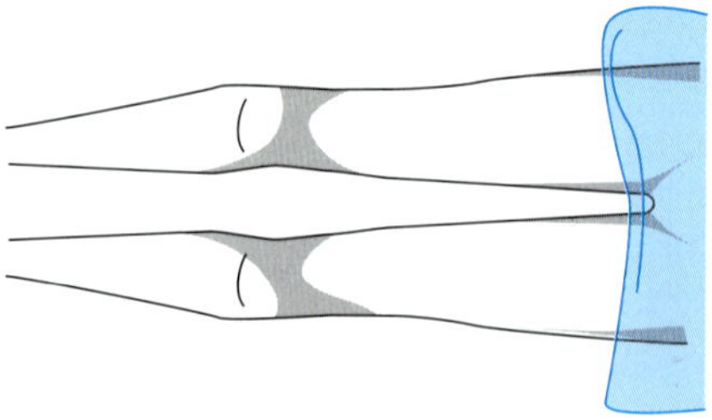

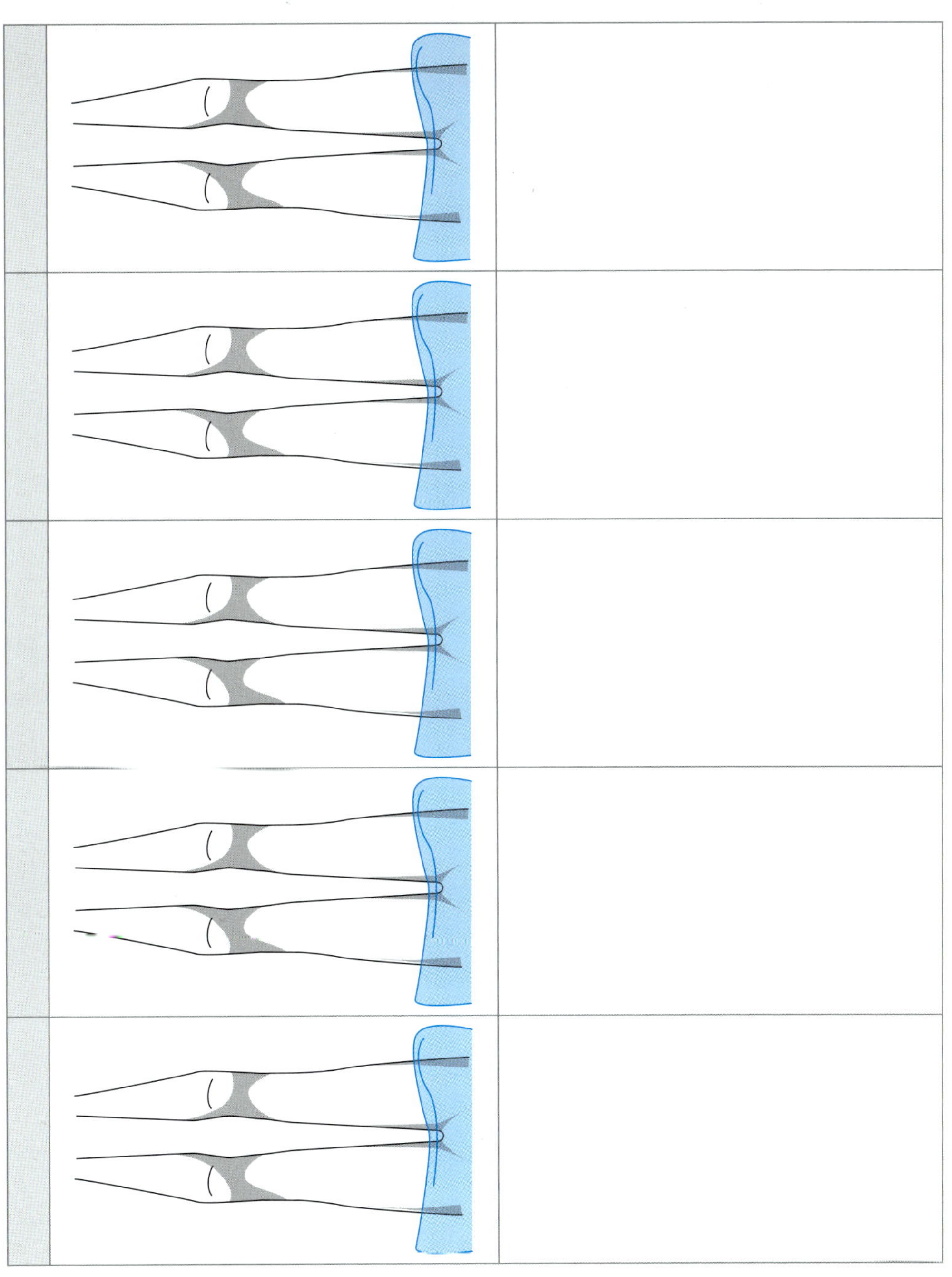

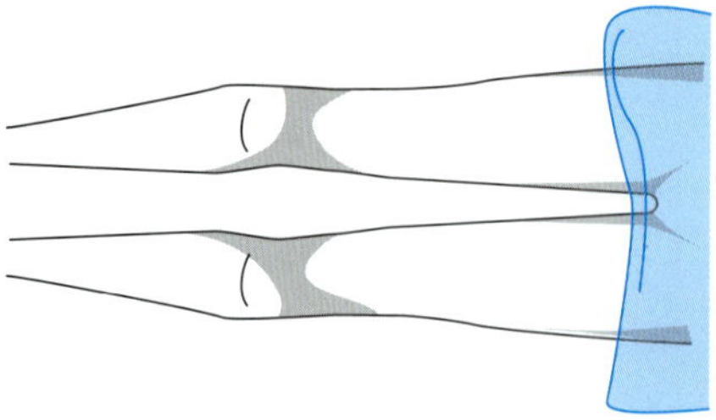

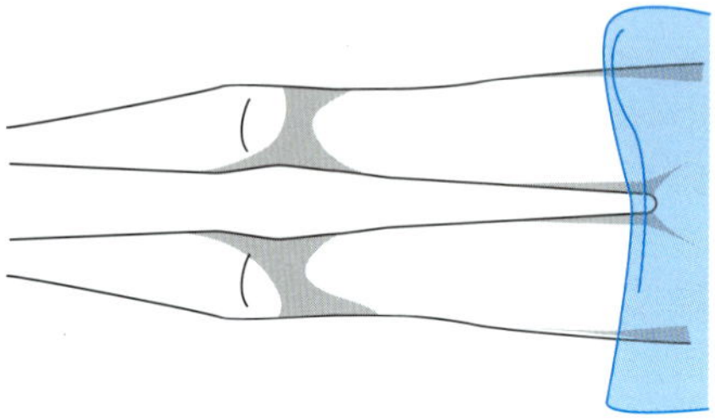

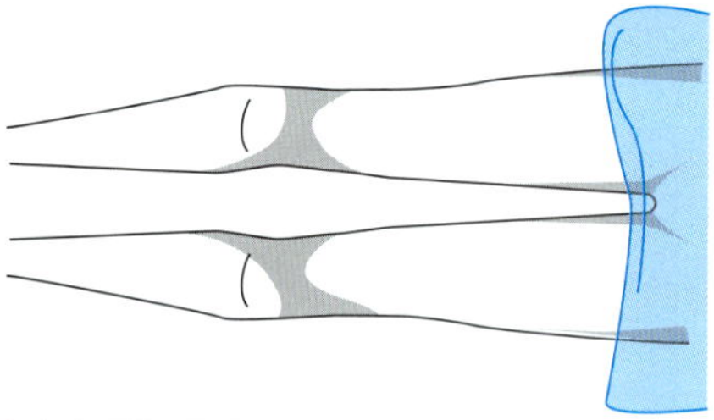

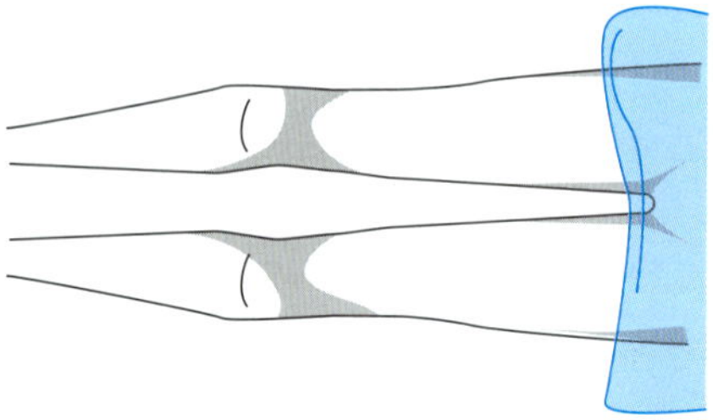

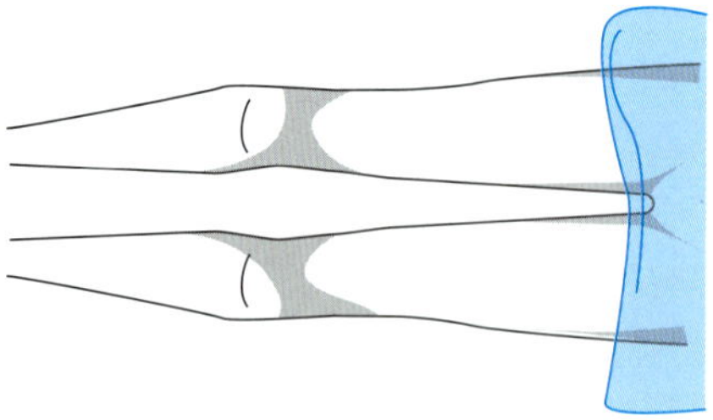

04. 발 부위 트리트먼트

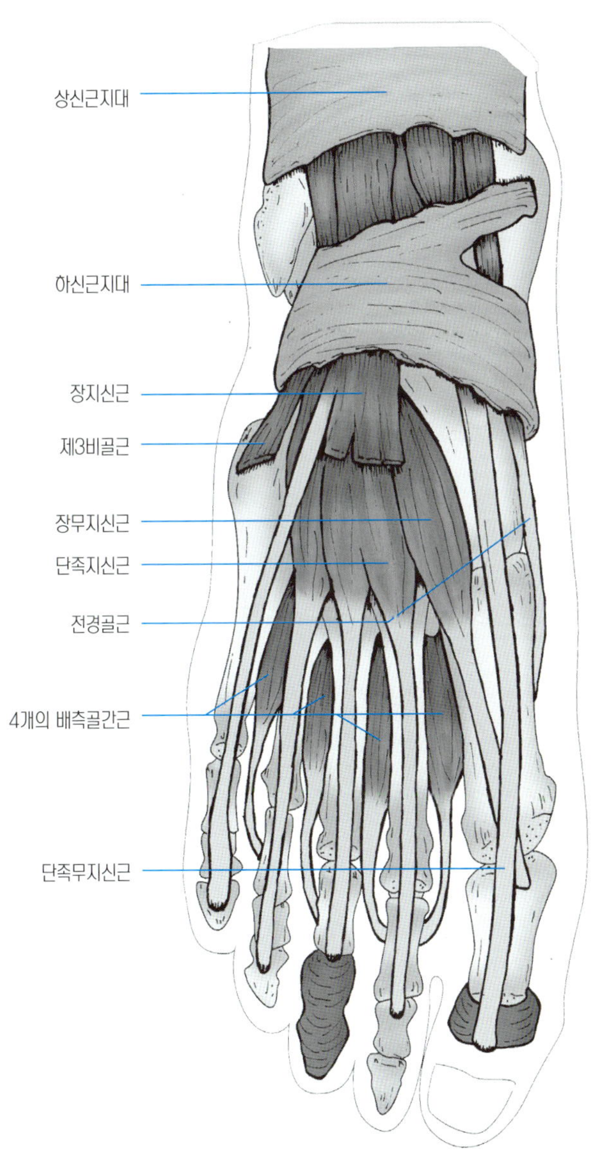

(1) 발 부위에 트리트먼트 오일 바르기

1.	**발부위에 트리트먼트 오일 바르기** 한손은 발바닥에 다른 한손은 발등에 놓고서 전체 쓰다듬기 한다. 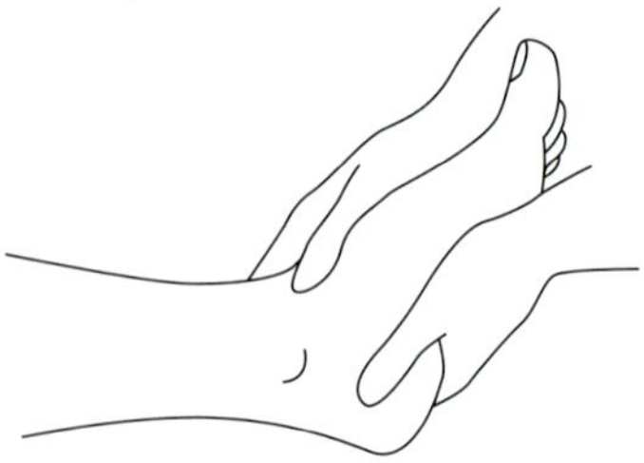
2.	**발목 좌우 흔들기**(twisting) 손바닥 사이에 넣고 비비듯 흔들어 준다. 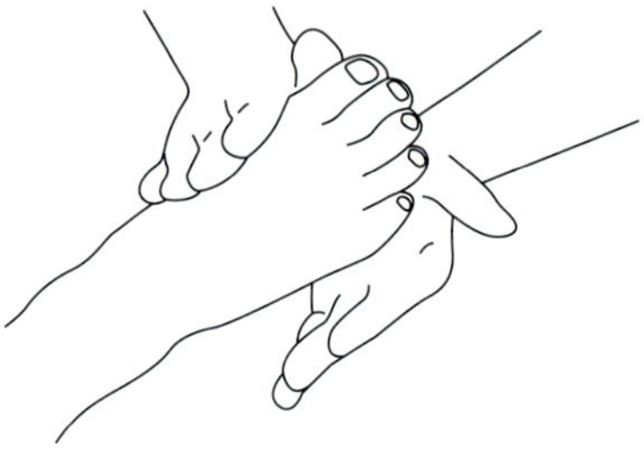
3.	발등 전체를 손바닥으로 쓰다듬기 한다. 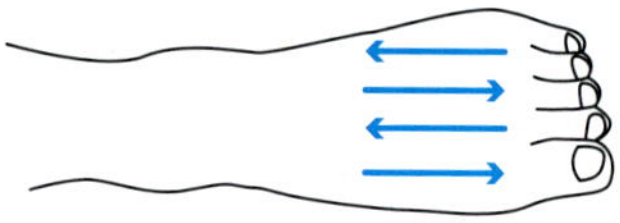
4.	**중족골 트리트먼트하기** 발등 중족골 사이를 나선형으로 트리트먼트한다. 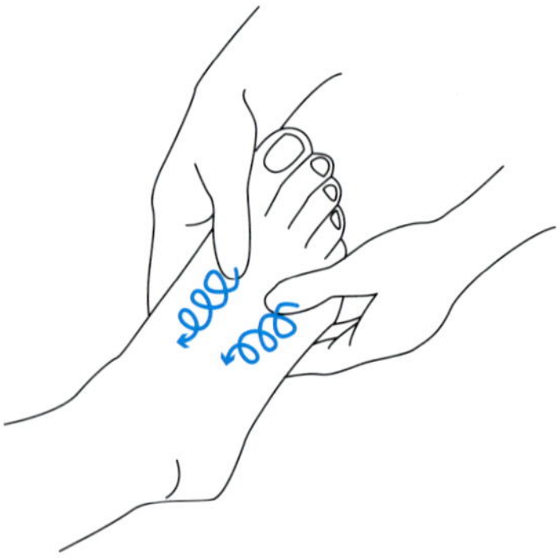
5.	발등을 가볍게 짜주듯(squeezing) 문지르기 한다. 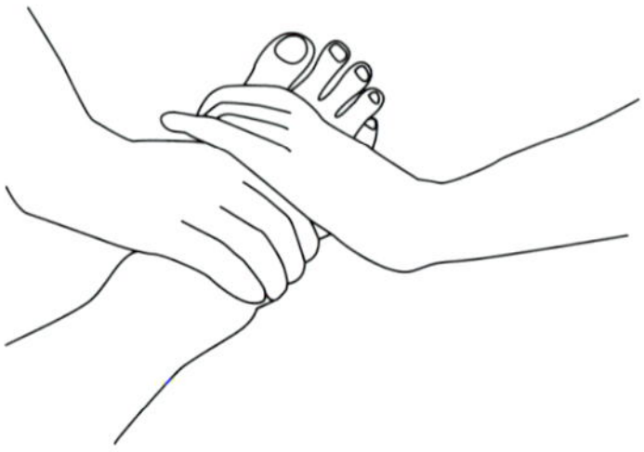

6.	**발가락 나선형 그리기** 발가락 하나하나를 트리트먼트하고 가볍게 스트레칭한다. 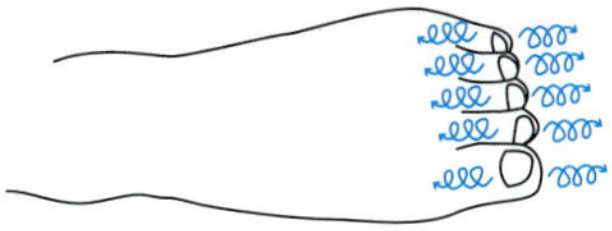
7.	**발가락 사이사이 트리트먼트하기** 발가락 사이사이를 가볍게 누르면서 빼준다. 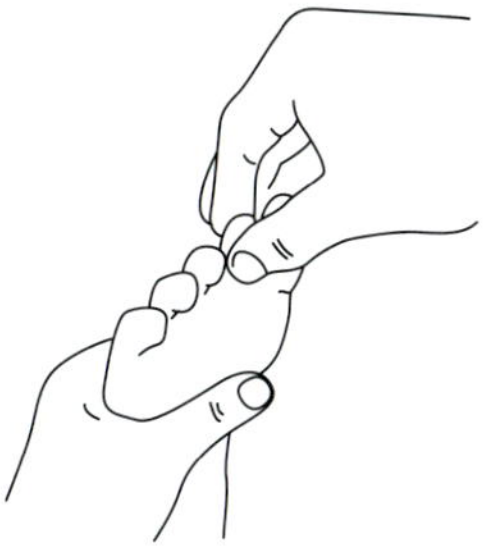
8.	**발바닥 용천 지압하기** 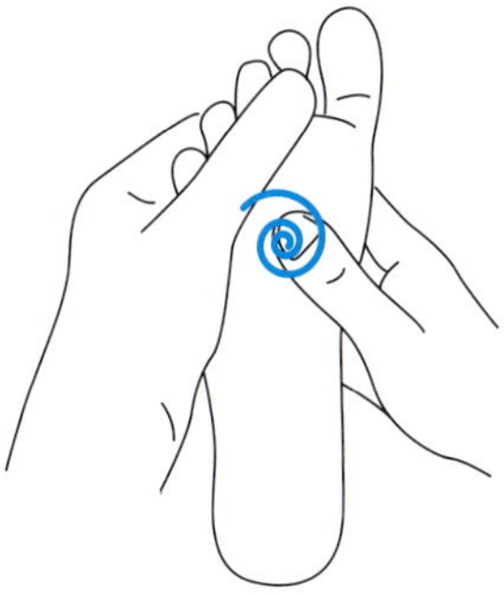
9.	**발바닥 자극하기** 발바닥 엄지로 가위자르는 동작으로 지압한다. 발꿈치에서 발가락 방향으로 엄지루 깊이 쓰다듬기하며 마무리한다. 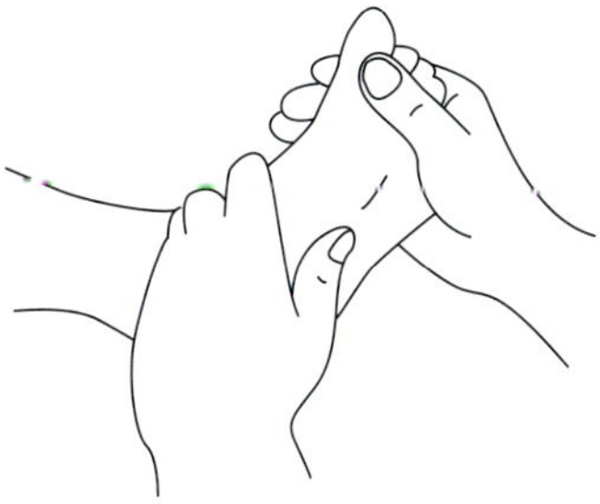
10.	발바닥을 주먹으로 깊은 쓰다듬기하고 손바닥으로 가볍게 쓰다듬기 한다. 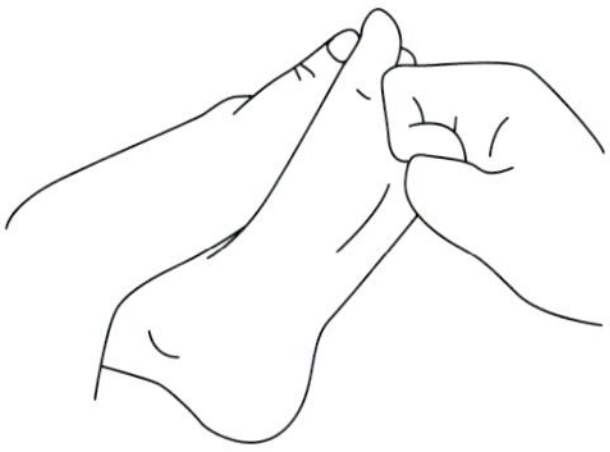

11.	**복사뼈 나선형 마찰하기** 네 손가락으로 내・외측 복사뼈를 나선형으로 문지르기 한다. 발목부위를 엄지로 나선형 마찰하기 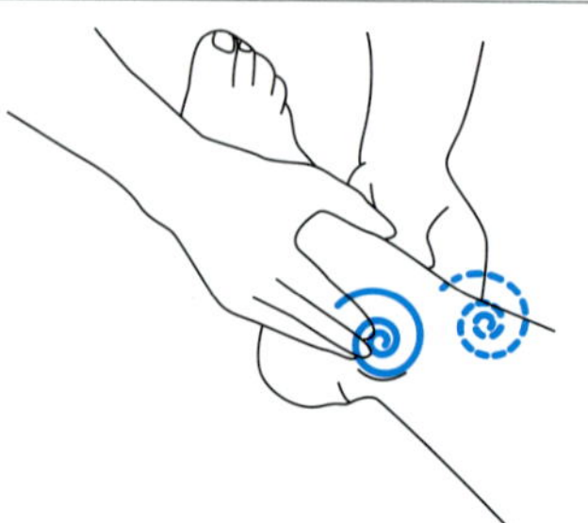
12.	**발 스트레칭하기** ① 발을 양방향으로 스트레칭한다. ② 한손은 발뒤꿈치를 다른 한 손은 발가락을 잡고 가볍게 스트레칭한다. 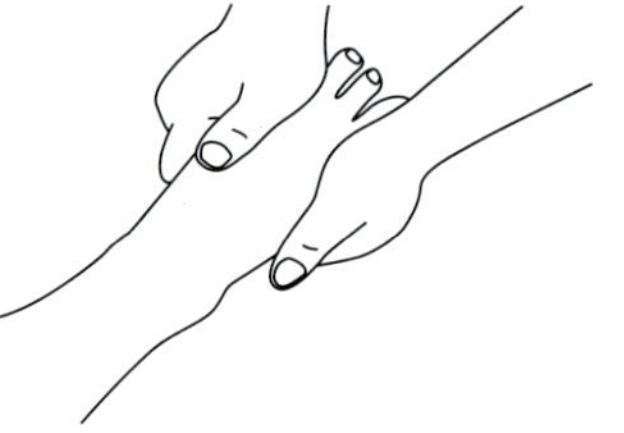
13.	발등 전체를 손바닥으로 쓰다듬기 한다.

05. 복부 부위 트리트먼트

1. 복부 부위 트리트먼트 개요

복부에는 소화기계, 생식기계, 비뇨기계 등 생명 유지에 필수적인 내장 기관들이 분포되어 있는 중요한 신체 부위 중 하나지만, 이러한 중요한 장기를 보호하는 골격이 없기 때문에 이들을 보호하기 위해 내장 지방과 체지방이 형성되기 쉬운 부위이 며 또한 앉아서 생활하는 시간이 많을수록 복부에 지방이 축척되기 쉽다. 복부 관리는 트리트먼트에 의한 물리적 자극을 통해 지방 제거를 도와 아름다운 허리 라인을 만들 뿐만 아니라 장운동을 촉진시켜 원활한 소화를 도와주고 변비를 완화하고 예방하는 데 도움을 준다.

(1) 복부 부위 트리트먼트의 목적

내장 기능을 정상화 시켜주고, 원활한 배변을 통해 장내 독소 배출을 도와주며 복부에 쌓인 체지방 연소를 도와 아름다운 허리 라인을 만드는 데 목적이 있다.

(2) 복부 관리의 효과

① 노폐물 배설및 혈액순환 촉진효과가 있으므로 순환에 따른 문제성 피부 관리에 도움을 준다-관리를 통하여 복부가 따뜻해지면 인체내 혈액순환이 크게 촉진한다.
(손, 발이 따뜻해짐)

② 장의 운동을 촉진시켜 숙변제거 및 장내 독소 배출을 도와 변비를 완화하고 예방한다.

③ 물리적 자극에 의한 온열효과를 통해 복부의 순환 장애를 정상화 소화 기능을 원활히 한다.

④ 불필요한 복부 지방의 연소를 도와 복부 비만을 예방하고 아름다운 허리 라인을 만드는 데 도움을 준다. 만성 피로 회복에 도움을 준다.

Key to the Hara zones

① Heart
② Gall bladder
③ Liver
④ Lung
⑤ Stomach
⑥ Triple heater
⑦ Heart protector
⑧ Spleen
⑨ Kidney
⑩ Bladder
⑪ Large intestine
⑫ Small intestine

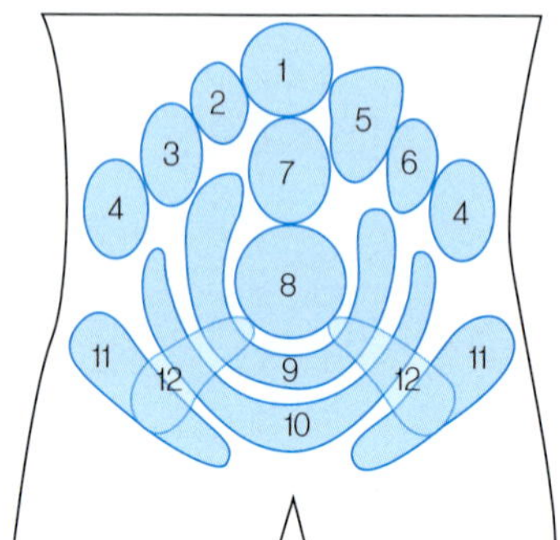

젠 시아츠(Zen Shiatsu) 복부(Hara) 진단
(after Masunage and Ohashi 1977)

(3) 복부의 특징

복횡근, 내/외복사근 그리고 부복근으로써 효방형근이 있다. 이들은 복부의 장기를 보호하고 호흡, 기침, 구토, 배뇨, 배변에 관여하는 5종의 근이다.

2. 복부 부위 트리트먼트 매뉴얼 테크닉 실습

(1) 복부 관리 준비

① 시술자의 손을 깨끗이 소독한다.

② 마른 타월로 복부를 덮어 준 후 복부 전체를 가볍게 스트레칭 해 준다.

③ 토너를 적용한 화장솜을 이용하여 복부 전체를 깨끗이 닦아 정돈한다.

④ 피부 유형에 적합한 오일 또는 크림 등의 트리트먼트 제품을 선택하여 복부 전체에 고루 도포한다.

(2) 복부 트리트먼트 동작

	고객의 우측에 위치한다. 복부만 트리트먼트 할 수 있도록 타올 드레이핑을 한다.	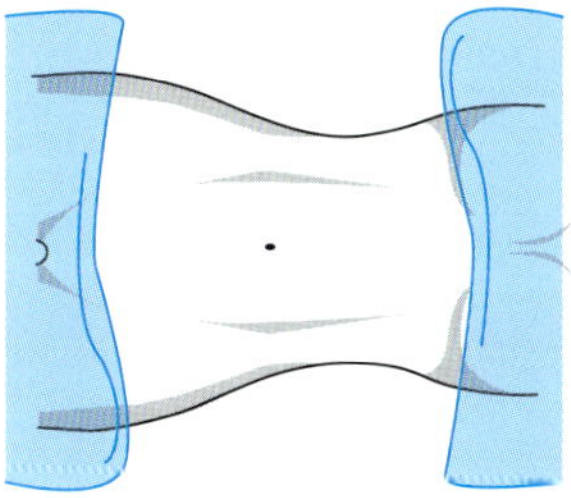
1.	오일을 오포하지 않은 상태에서 양손을 배꼽에 포개고 10초간 호흡하기	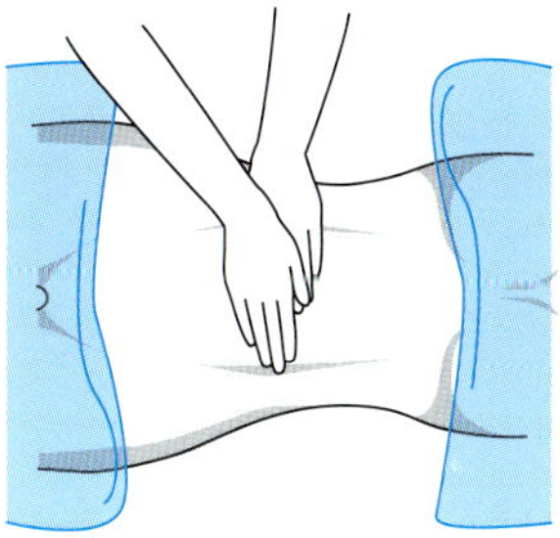
2.	양손을 배꼽에 삼각형 모양을 만들고 나서 명치 방향으로 가볍게 쓰다듬어 올라갔다가 늑골따라서 팔자 모양으로 허리(옆면)를 감싸면서 부드럽게 치골방향으로 삼각형을 그리면서 내려온다.	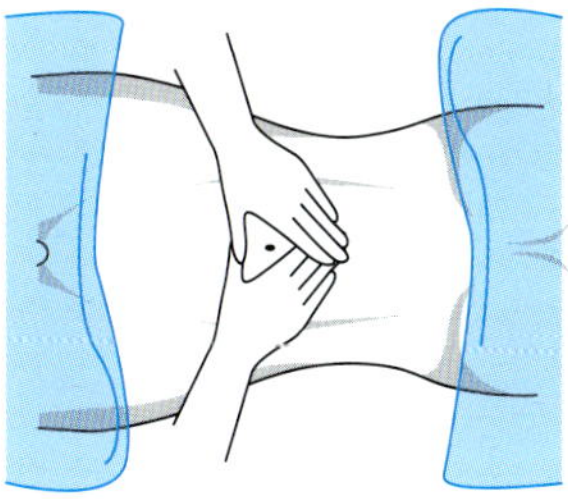

2.	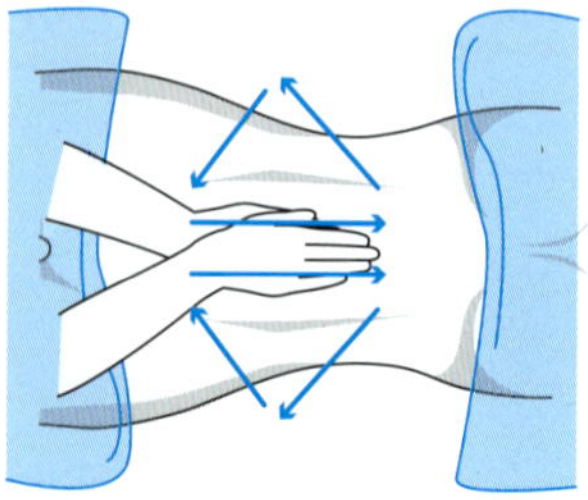
3.	**시계방향으로 트리트먼트하기** (양손을 나란히 하여) 3회 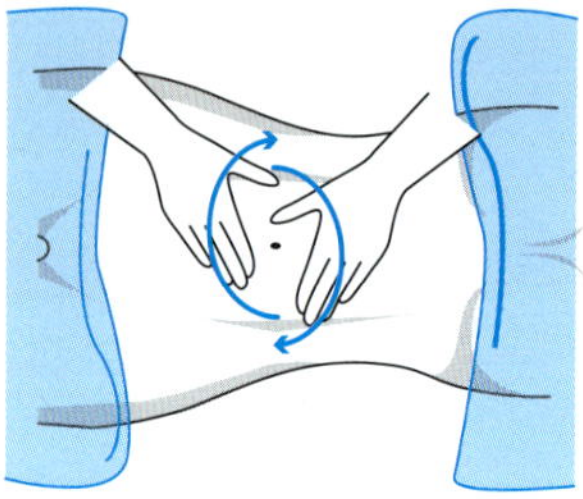 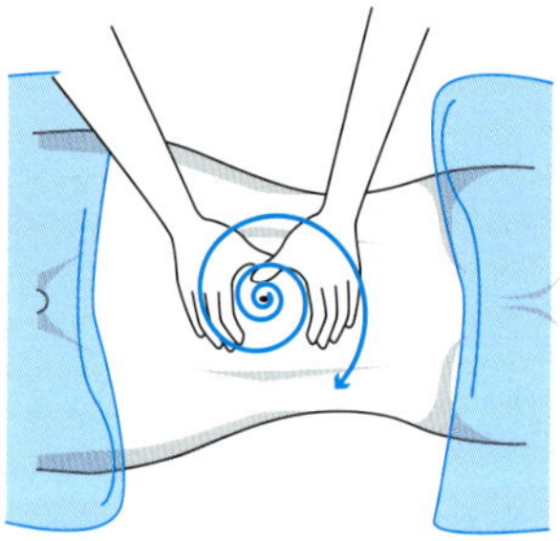
4.	**갈비뼈 라인 따라 쓸어주기** 3회 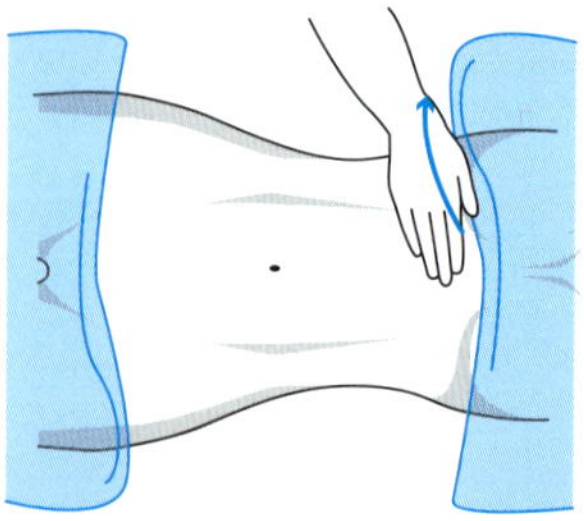 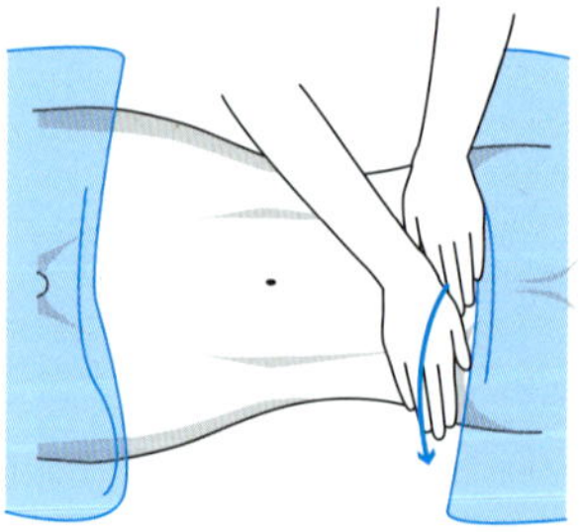

5.	지압하기 2,3,4지로 명치에서 배꼽까지 3점 늑골따라 엄지로 4. 5점 배꼽 양옆 6점 그리고 배꼽 아래로 2,3,4지로 7,8점과 8번 양옆으로 9번 지압 1회	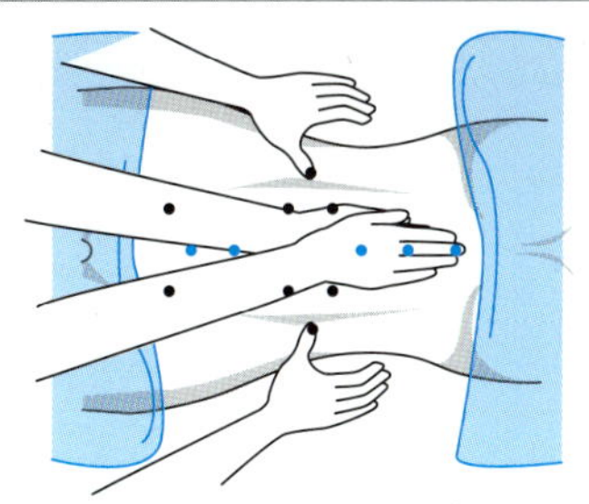
6.	양손을 배꼽에 삼각형 모양을 만들고 나서 명치 방향으로 가볍게 쓰다듬어 올라갔다가 늑골따라서 팔자 모양으로 허리뒷면으로 가서 깊이 끌어당기면서 치골방향으로 삼각형을 그리며 내려온다. 2번동작과 유사, 허리 뒷면까지 트리트먼트하는 부분이 차이점	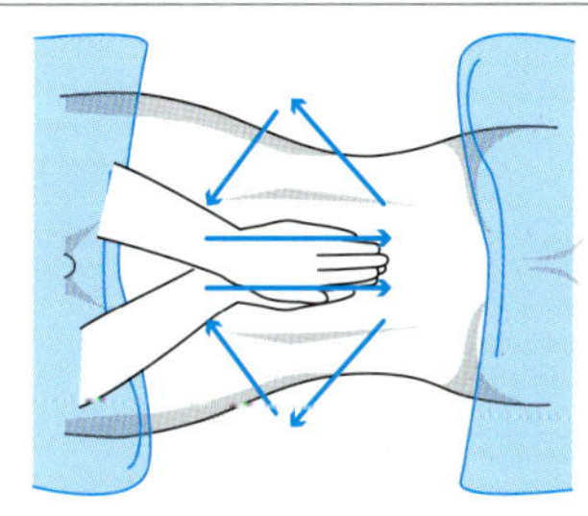 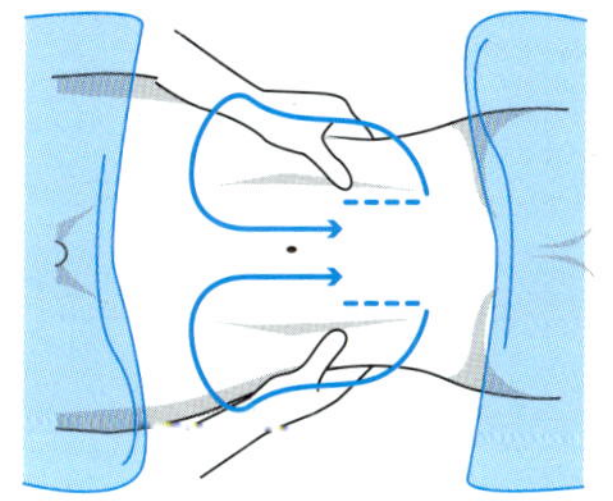
7.	배꼽 주변을 양손으로 맞잡기 하고나서 배꼽에서 십자로 2, 3, 4지로 지긋이 누르기(소장트리트먼트)	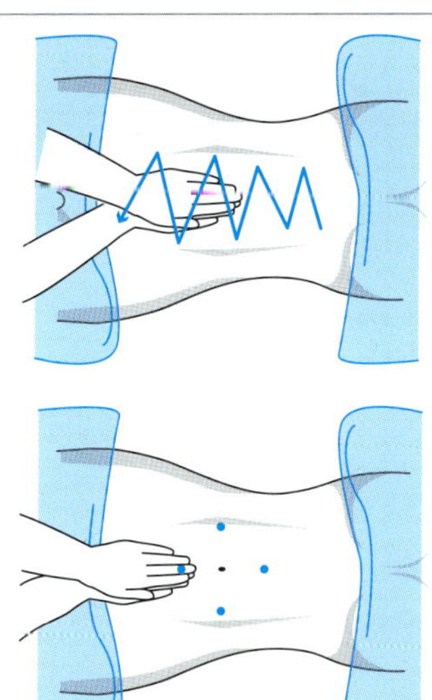

8.	**대장트리트먼트**(상행, 횡행, 하행) 대장 부위를 따라서 고객의 오른쪽에서부터 시작하여 허리옆면을 위(세로방향) 방향으로 쓸어올린 후 가로방향으로 그리고 왼쪽 허리 옆면을 아래 방향으로 세로로 트리트먼트한다.	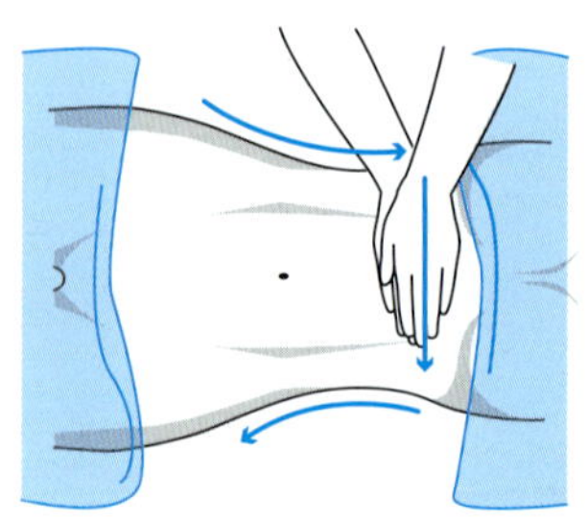
9.	**양손 겹쳐서 마름모 꼴로 쓸어주기** 하복부에서 측면으로 측면에서 늑골따라 명치로 다시 반대편 측면으로 트리트먼트한다.	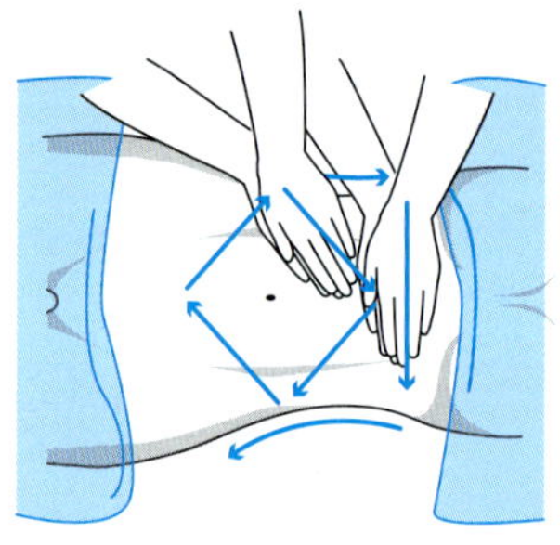
10.	복부 옆라인을 양손으로 맞잡기하고 비틀어준 후 허리 뒷면에서 끌어올려서 복직근까지 쓸어올리기	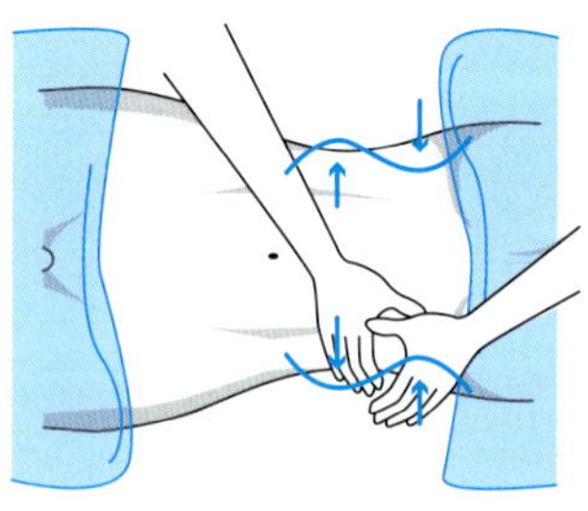
11.	양손을 배꼽에 삼각형 모양을 만들고 나서 명치 방향으로 가볍게 쓰다듬어 올라갔다가 늑골따라서 팔자 모양으로 허리뒷면을 깊이 감싸면서 부드럽게 치골방향으로 삼각형을 그리면서 내려온다. 가슴방향으로 쓸어올리면서 마무리	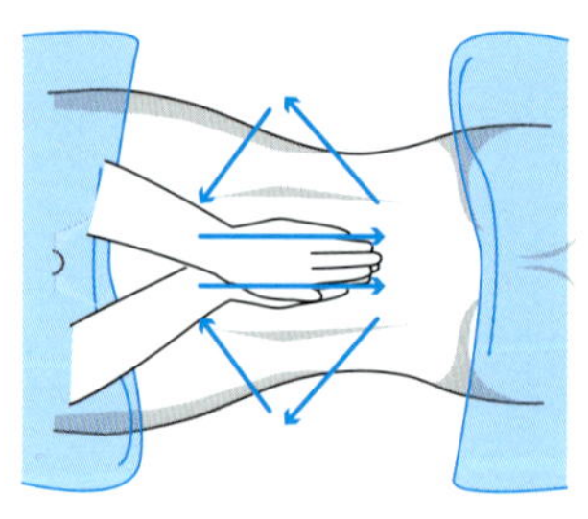

12.	양손을 겹쳐 배꼽위에 올려논후 피시술자에게 복식호흡을하게 한후 털어준다. 허리 옆면을 가볍게 흔들어 주면서 손가락을 이용하여 가볍게 집어주는 동작으로 독소배출을 돕는다.	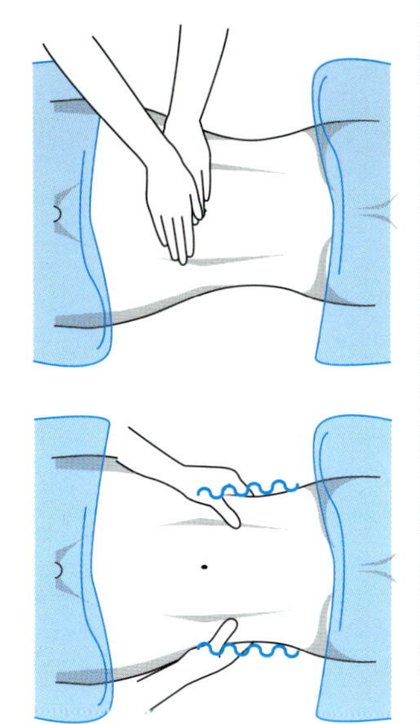

(3) 복부 관리 마무리

① 온습포를 복부에 올려놓고 복부 전체를 가볍게 스트레칭 해 준다.

② 복부 전체를 깨끗하게 닦아준다.

③ 토너를 적용한 화장솜을 이용하여 복부 전체를 정돈한 후 건조시킨다.

(4) 복부 응용 트리트먼트 동작 실습

		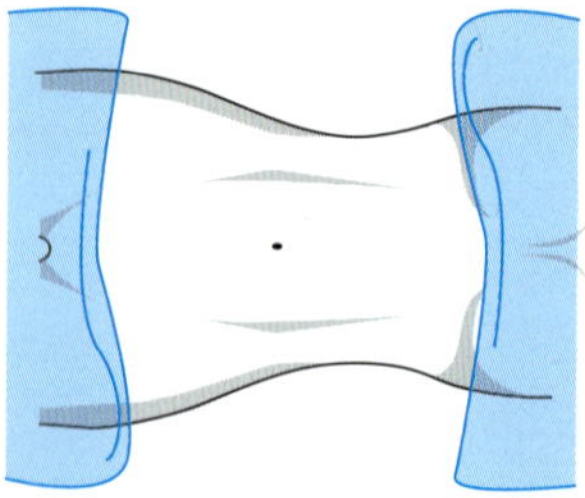
		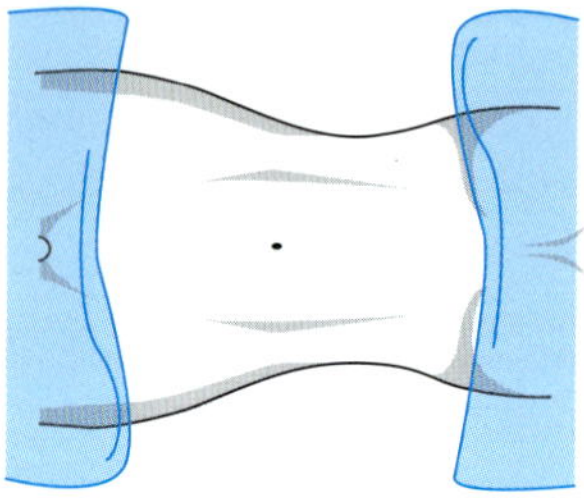
		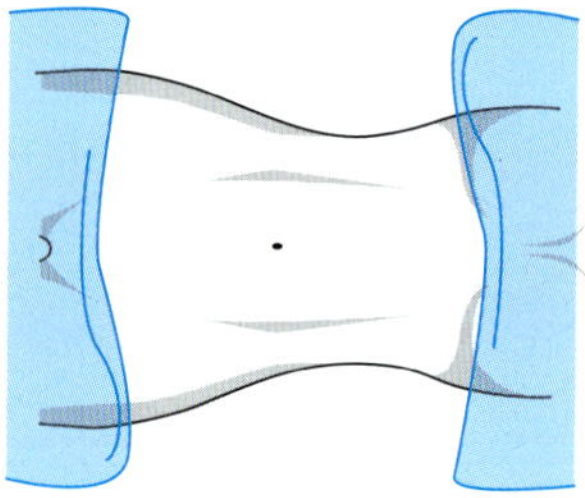
		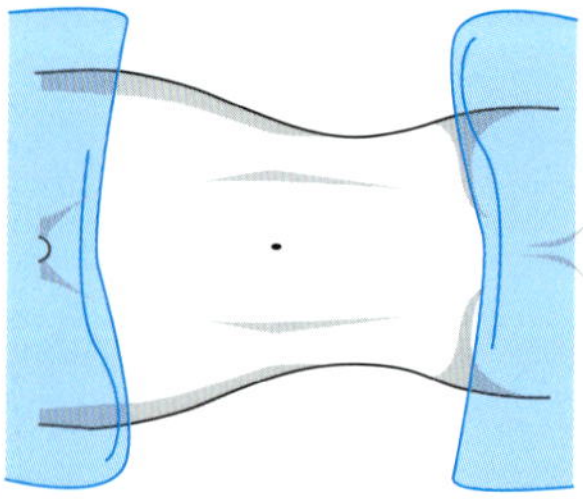
		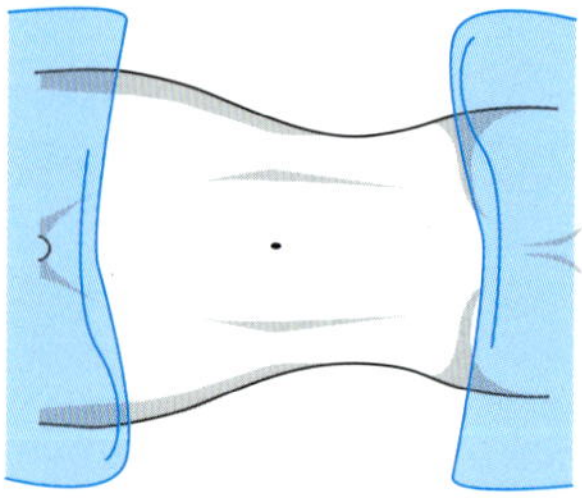

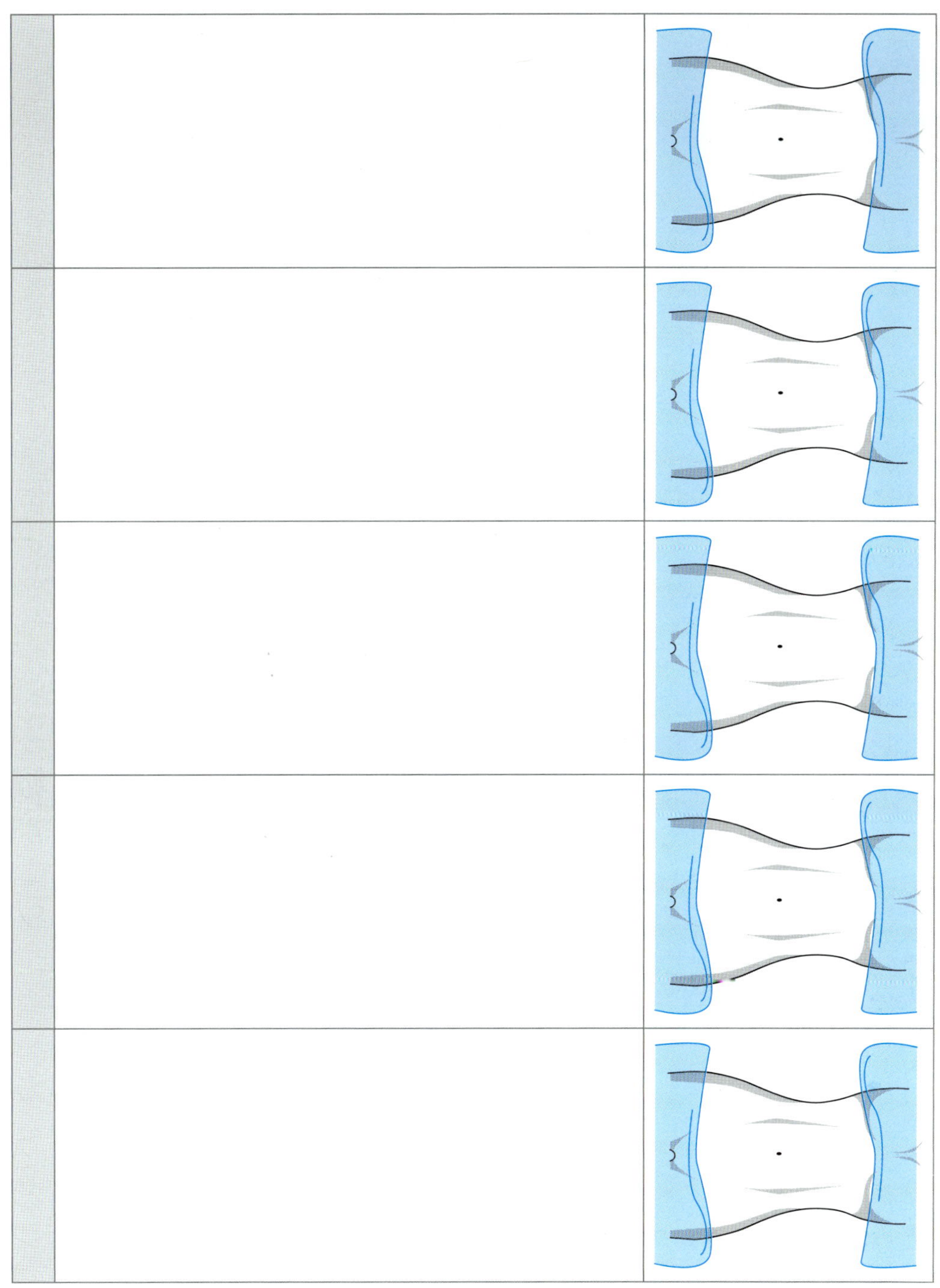

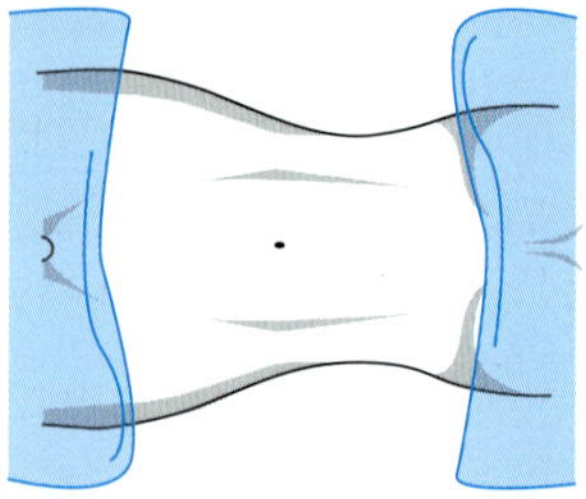

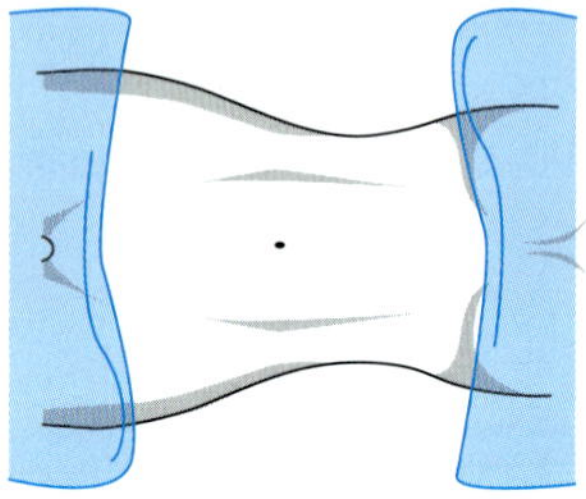

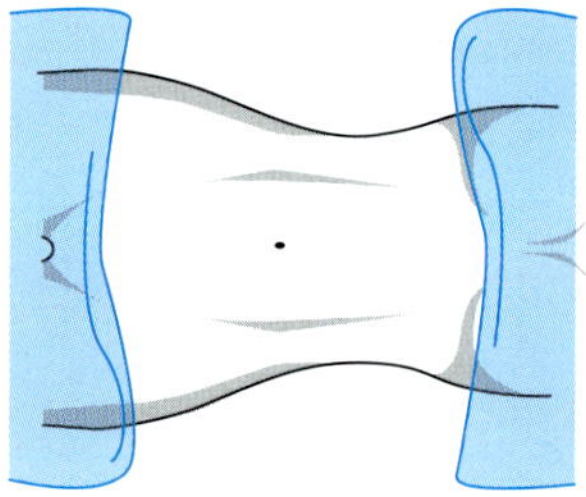

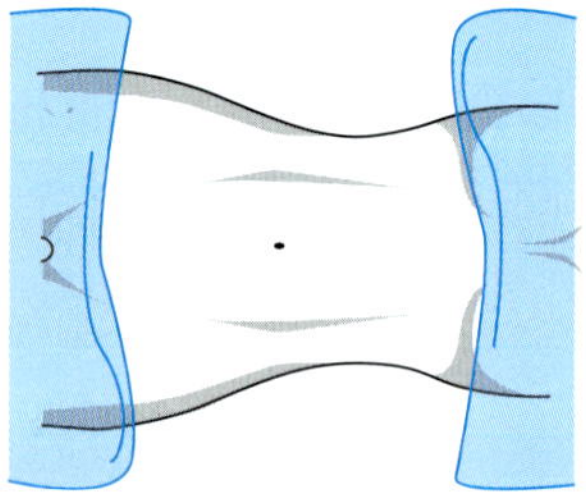

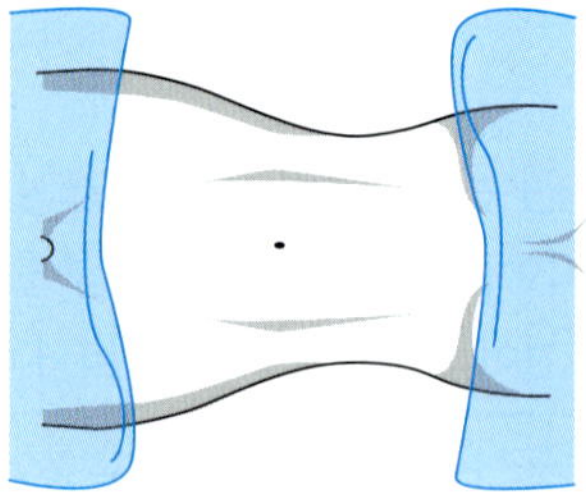

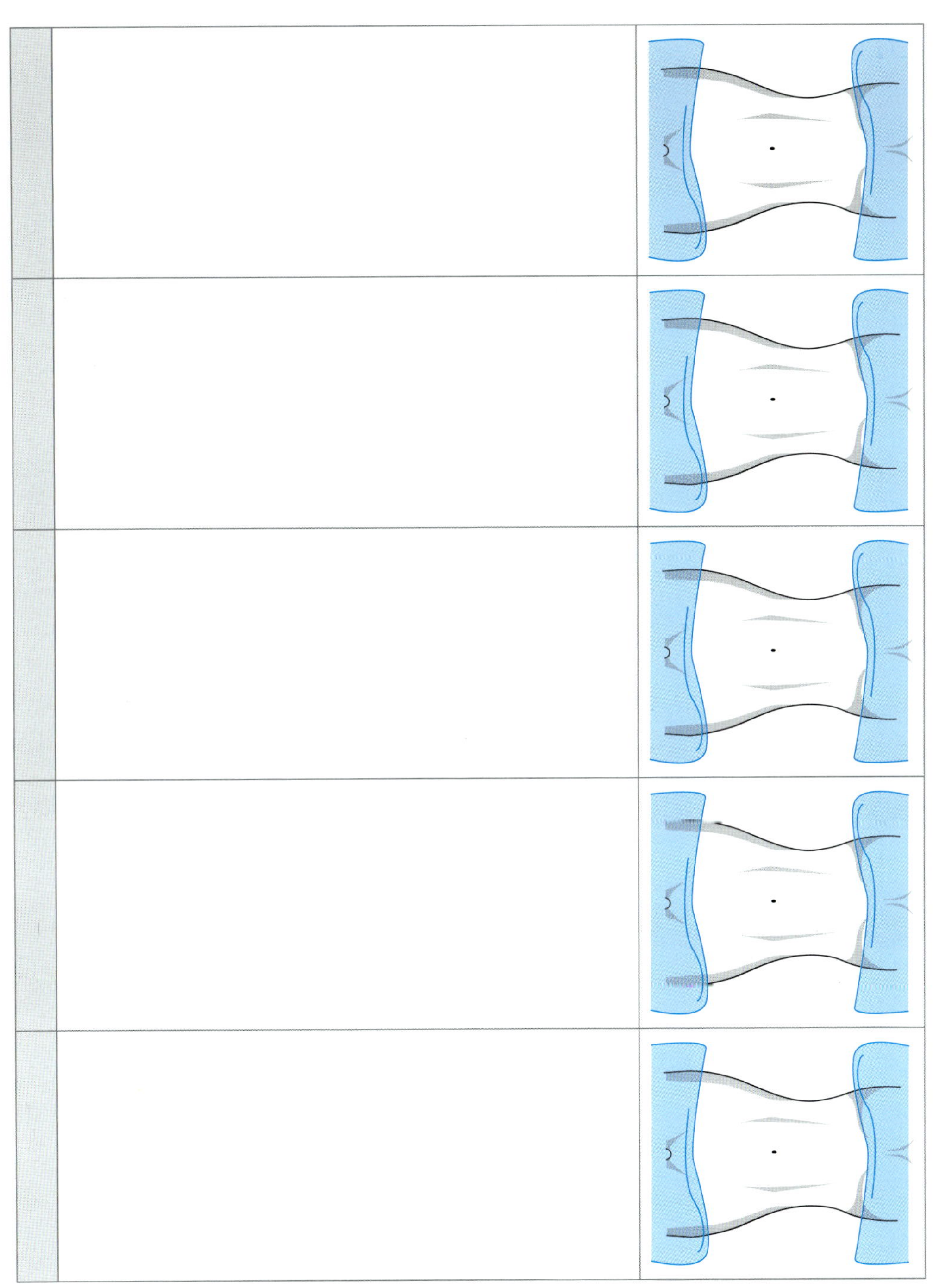

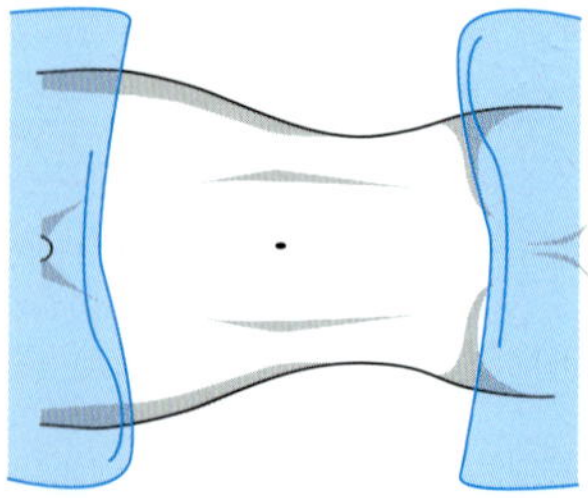

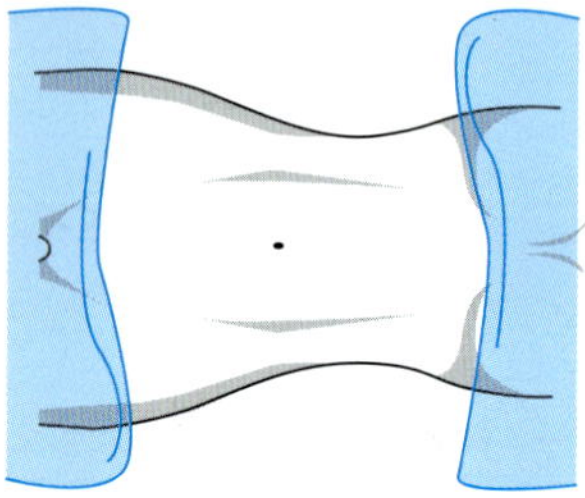

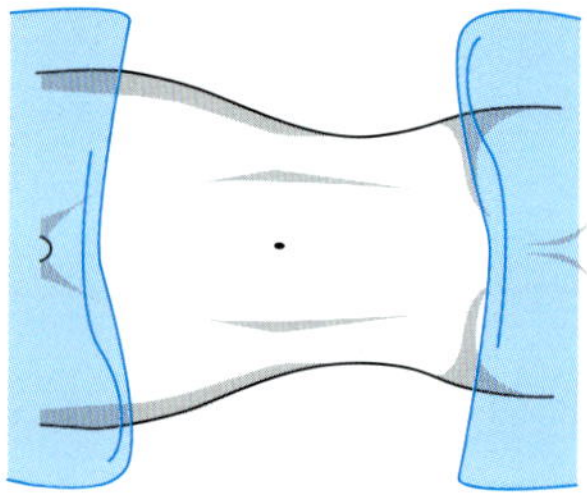

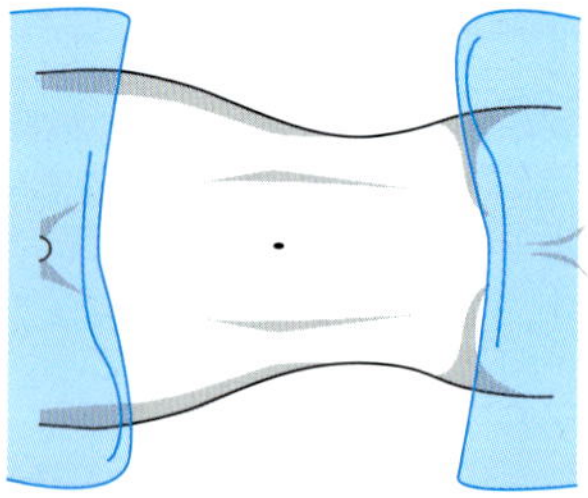

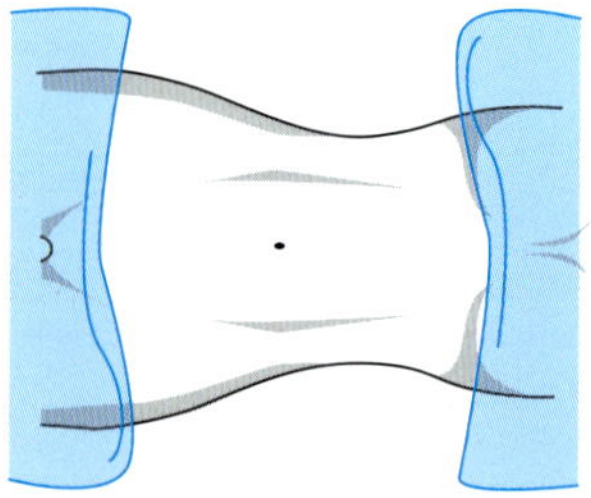

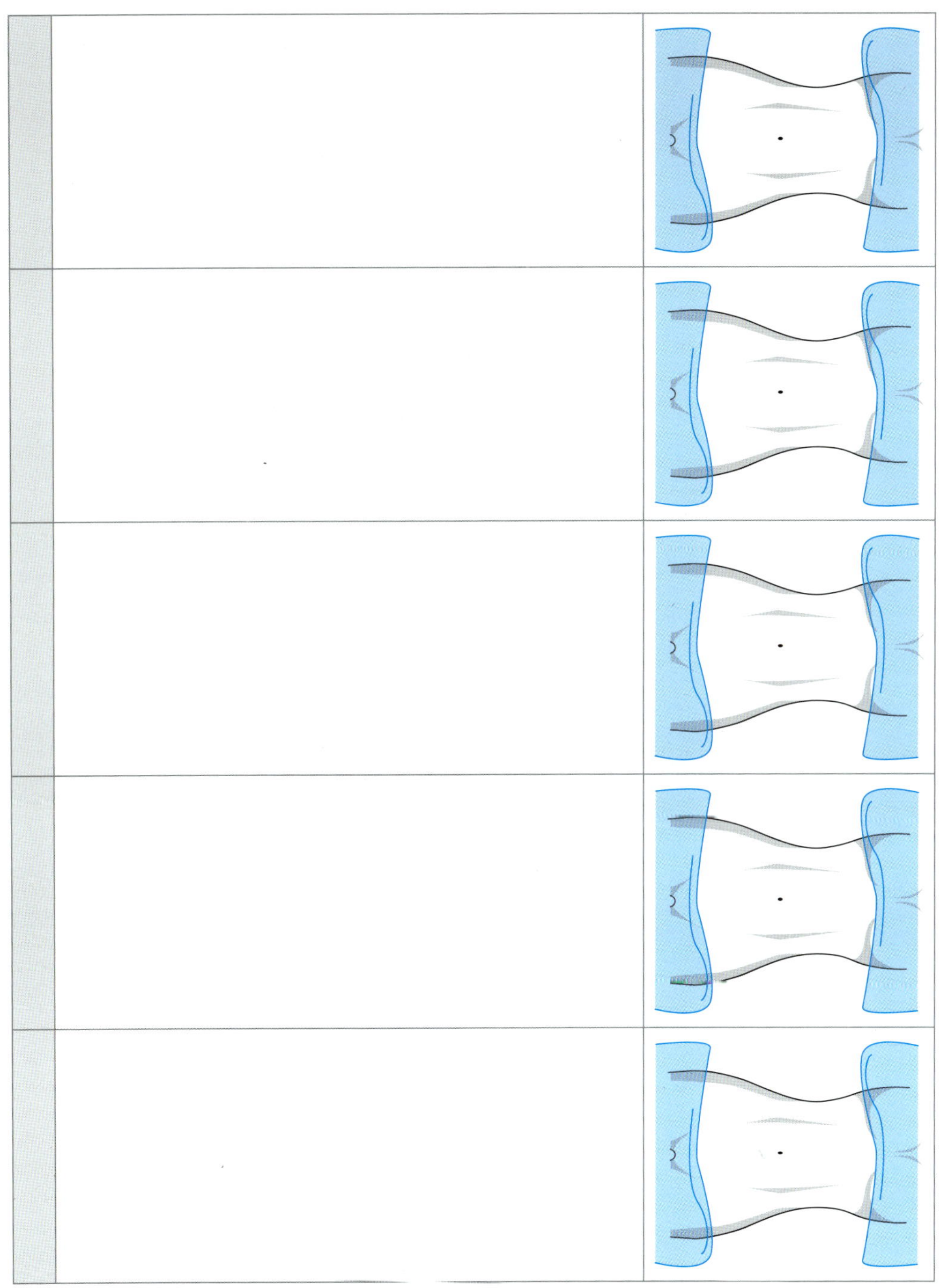

06. 팔 부위 트리트먼트

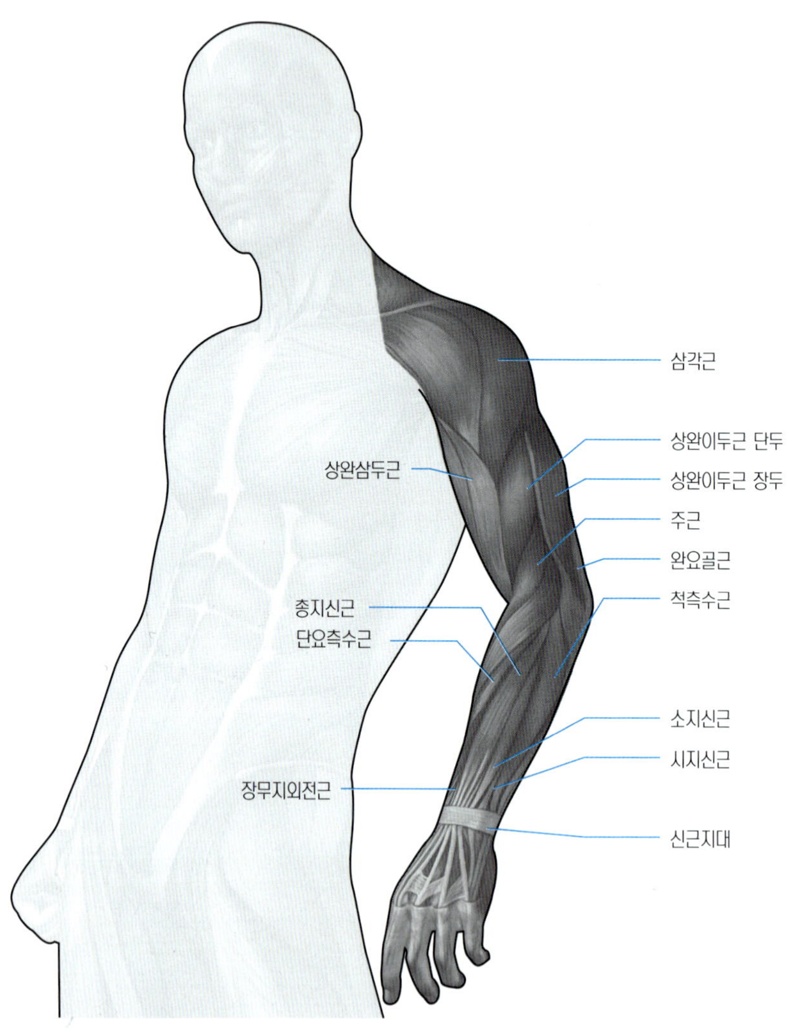
삼각근
상완이두근 단두
상완삼두근
상완이두근 장두
주근
완요골근
척측수근
총지신근
단요측수근
소지신근
시지신근
장무지외전근
신근지대

1. 팔 부위 트리트먼트 개요

팔과 손은 얼굴과 함께 외부에 노출되는 시간이 상대적으로 길며 쉴 틈 없이 많은 일을 수행하는 신체 부위 중 하나이다. 따라서 자외선 등의 환경에 의한 외인성 노화가 일어나기 쉬우며, 일상생활에서 무거운 물건을 들거나 장시간의 컴퓨터 사용 등 손과 팔을 많이 사용하는 반복된 작업 등으로 어깨가 결리거나 팔 근육이 과도하 게 긴장되는 경우가 많다. 또한 팔에 지방이나 셀룰라이트가 쌓이게 되는 경우 팔뚝 살이 늘어져 미용상의 불편을 겪게 된다. 팔 관리는 경직된 근육을 풀어주고 혈액과 림프의 흐름을 증가시킴으로써 노폐물 배출을 촉진하여 군살 없이 단단하고 탄력 있는 팔로 가꾸어 주는 데 효과적이다.

(1) 팔 관리의 목적

긴장된 팔과 어깨의 근육을 이완시켜 근육계 문제점을 해소 및 예방하고, 혈액 순 환과 림프 순환을 촉진하여 군살 없는 탄력 있고 아름다운 팔을 만드는 데 목적이 있다.

(2) 팔 관리의 효과

① 팔과 어깨의 뭉친 근육을 풀어주어 어깨결림, 오십견 등의 근육계 통증을 완화하고 예방한다.

② 혈액 순환과 림프 순환을 증진시켜 노폐물 배출을 촉진하는 데 도움을 준다.

③ 팔뚝에 쌓인 체지방 연소를 도와 탄력 있는 팔을 만드는 데 도움을 준다.

2. 팔 부위 트리트먼트 매뉴얼 테크닉 실습

(1) 팔 관리 준비

① 시술자의 손을 깨끗이 소독한다.

② 마른 타월로 팔을 덮어 준 후 팔 전체를 가볍게 스트레칭 해 준다.

③ 토너를 적용한 화장솜을 이용하여 팔 전체를 깨끗이 닦아 정돈한다.

④ 피부 유형에 적합한 오일 또는 크림 등의

(2) 팔 관리

	타올이 가지런히 쇄골선까지 덮고, 중형 타올을 팔 부분 밑에 깔아둔다. 관리 부위를 제외한 나머지 부위는 노출되지 않도록 대형타올로 팔을 제외한 부분을 덮어준다. 토너를 묻힌 화장솜 2개를 이용해 팔 전체를 닦아내 준다. 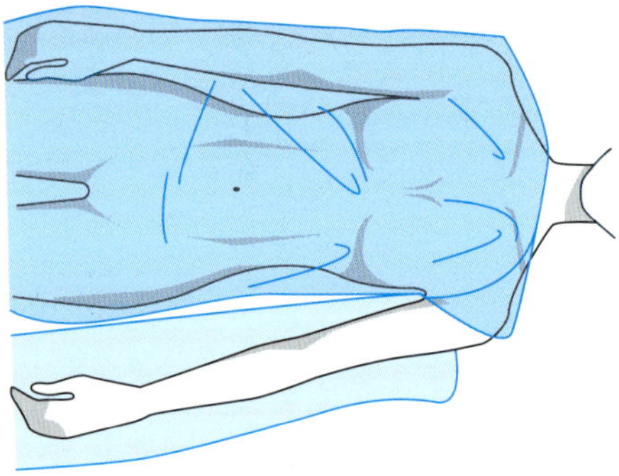
1.	**오일 도포하기** 오일을 덜어 팔 전체에 도포한다. 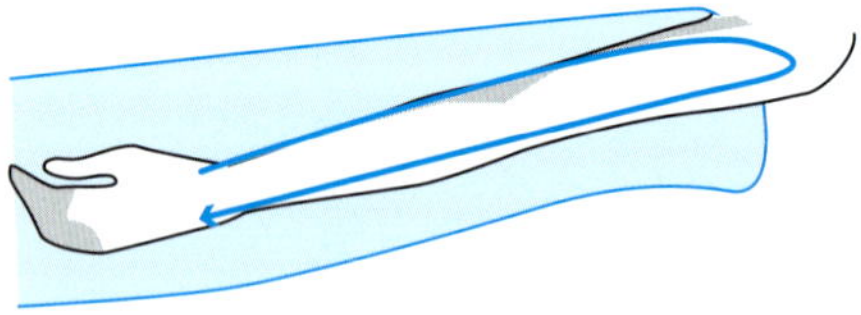
2.	**가벼운 쓰다듬기** 양손으로 팔 전체를 가벼운 쓰다듬기(에플라지)한다. 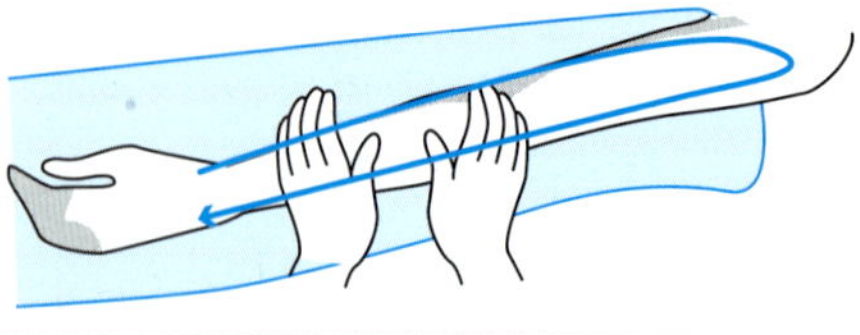
3.	**깊은 쓰다듬기** 한손을 교대로 팔 전체에 약간의 체중을 실어 천천히 에플라지한다.(6회) 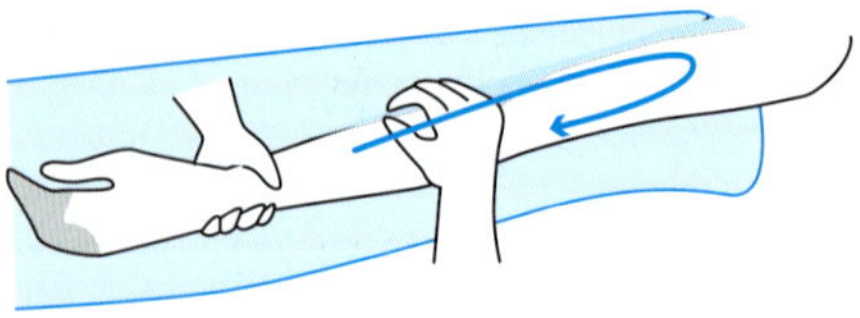

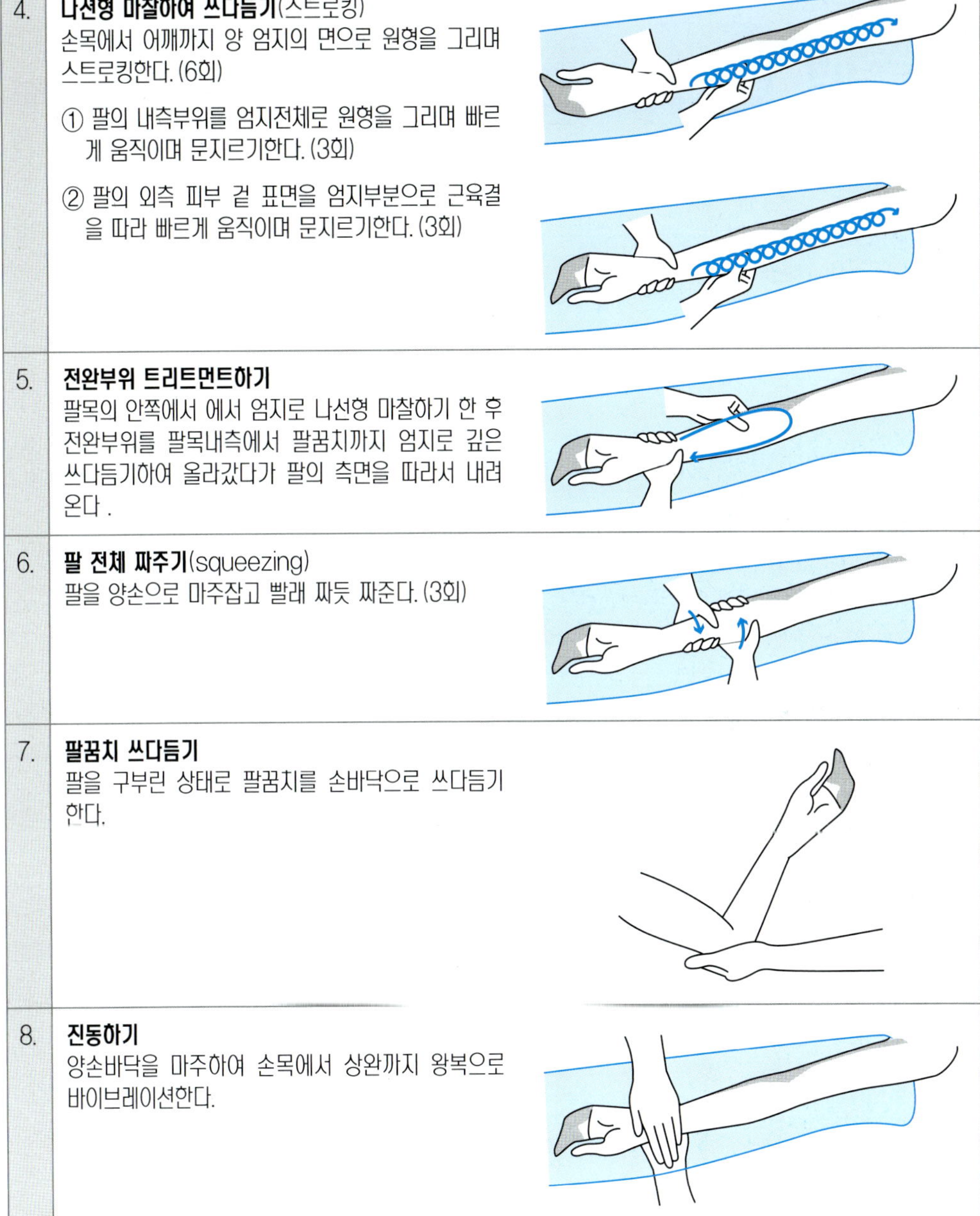

4.	**나선형 마찰하여 쓰다듬기**(스트로킹) 손목에서 어깨까지 양 엄지의 면으로 원형을 그리며 스트로킹한다.(6회) ① 팔의 내측부위를 엄지전체로 원형을 그리며 빠르게 움직이며 문지르기한다.(3회) ② 팔의 외측 피부 겉 표면을 엄지부분으로 근육결을 따라 빠르게 움직이며 문지르기한다.(3회)
5.	**전완부위 트리트먼트하기** 팔목의 안쪽에서 에서 엄지로 나선형 마찰하기 한 후 전완부위를 팔목내측에서 팔꿈치까지 엄지로 깊은 쓰다듬기하여 올라갔다가 팔의 측면을 따라서 내려온다 .
6.	**팔 전체 짜주기**(squeezing) 팔을 양손으로 마주잡고 빨래 짜듯 짜준다.(3회)
7.	**팔꿈치 쓰다듬기** 팔을 구부린 상태로 팔꿈치를 손바닥으로 쓰다듬기 한다.
8.	**진동하기** 양손바닥을 마주하여 손목에서 상완까지 왕복으로 바이브레이션한다.

(3) 팔 관리 응용 실습

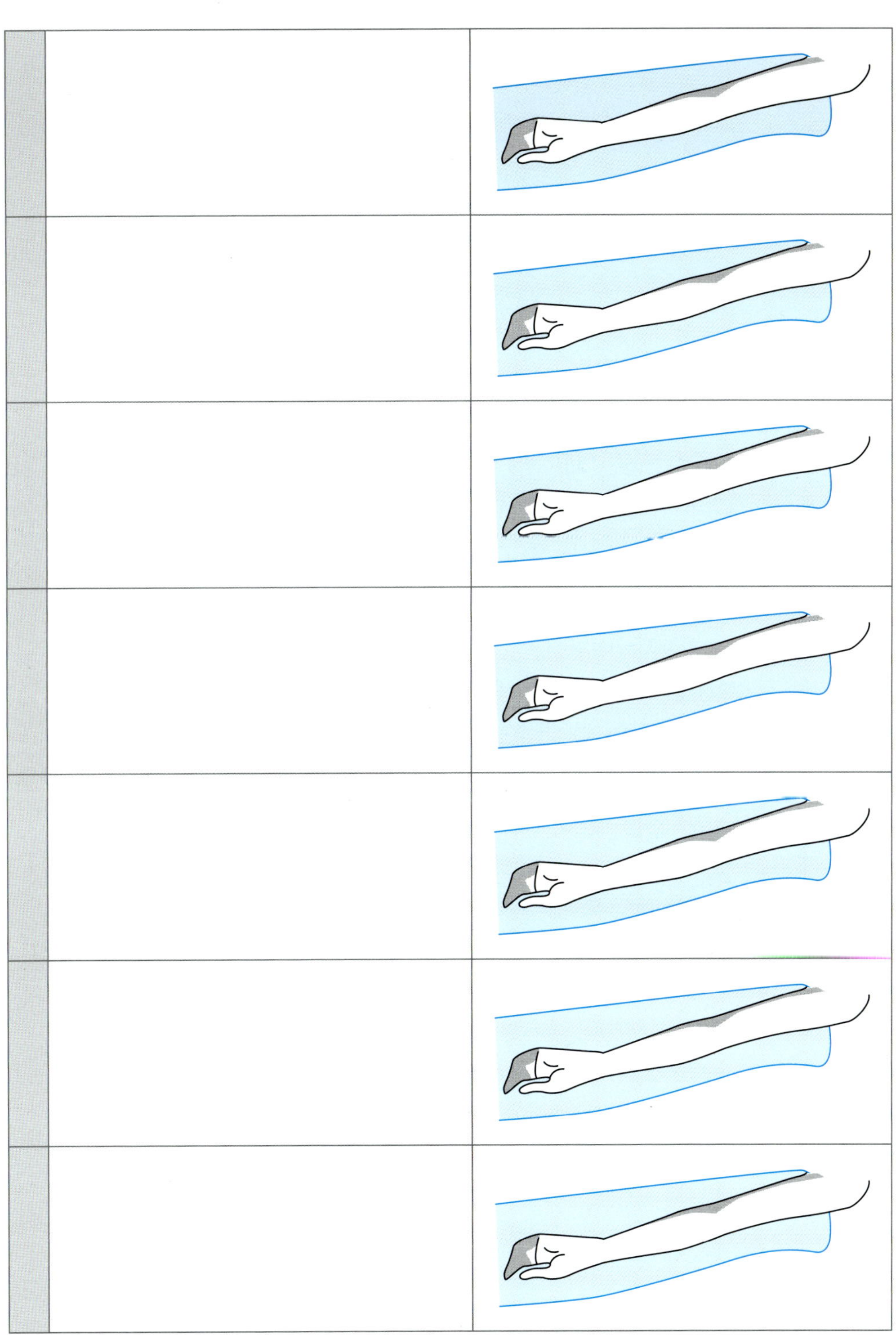

(4) 손 트리트먼트

1.	**준비동작** 타올을 겨드랑이에 고정시키고 팔밑까지 길게 댄다. 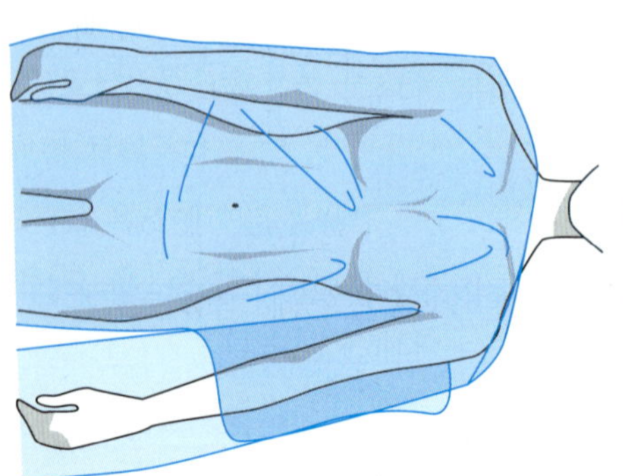
2.	**손등 쓰다듬기** ① 한손은 고객의 손 끝을 잡고 나머지 손은 손등을 쓰다듬어준다. ② 양손을 번갈아가며 쓰다듬기를 한 번으로하여 손잔등을 세 번 쓰다듭는다. 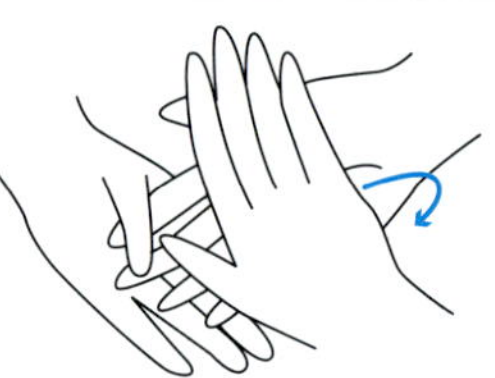
3.	**손등 쓸어 올리기** ① 양손의 2, 3지로 손목을 고정해 준다. ② 새끼손가락쪽의 손등부터 양쪽 엄지가 같은 곳을 쓸어 올린다. 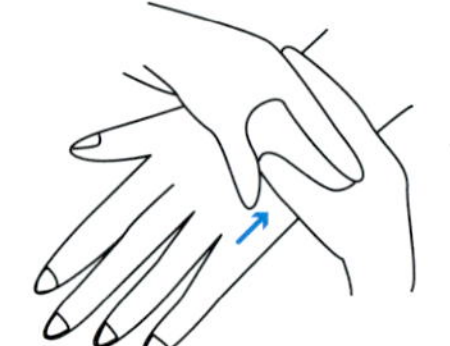
4.	**손등건사이를 엄지로 둥글어 문지르기** ① 새끼 등건부터 엄지의 옆 지문을 이용하여 문지르며 올라가서는 압주며 내려온다. ② 한곳에 ①번 동작을 세번씩 해준다. ③ 엄지쪽 등건은 반대 손으로 문질러 준다.  

5.	**손가락을 눌러주고 쓸어준뒤 튕기기** ① 2, 3지로 새끼 손가락부터 마디를 피해 7번 눌러주어 처음자리로 온다. ② 눌러준 모양으로 쓸어올라간 뒤 옆으로 돌려내려 오기를 3번 해준다. ③ 손가락 끝에 압을 주며 튕긴다. ④ 앞의 동작들을 손가락마다 해준다.
6.	**손바닥 가지지기**(1) ① 고객의 엄지와 새끼손가락을 양쪽 새끼손가락으로 걸어준다. ② 양 엄지로 손바닥의 밑부터 가지를 치며 올라간다. ③ 그림의 붉은 부분을 압을 주며 내려온다. ④ 3번 해준다. 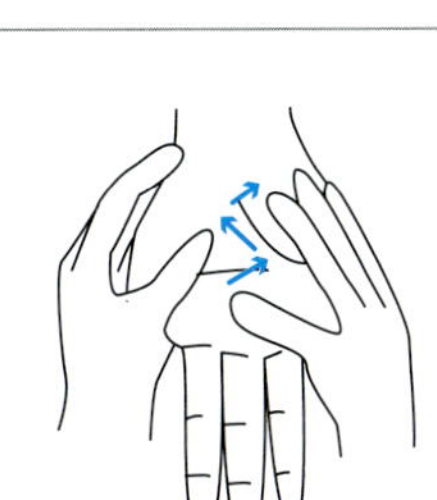 **손바닥 가지지기**(2) ① 새끼손가락을 건 상태에서 손바닥의 위쪽 들어간 부분에 엄지손가락으로 압준다. ② 하트모양을 그려주고 그대로 올라간다. ③ 그림의 붉은 부분을 압주며 내려온다. ④ 3번 해준다. 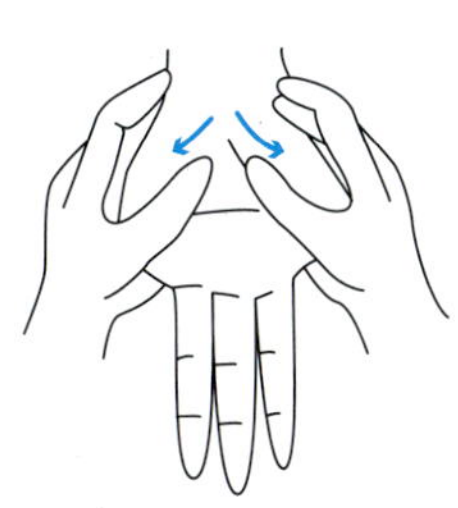 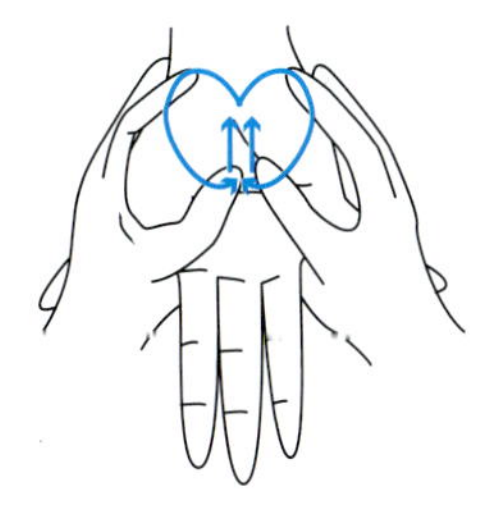 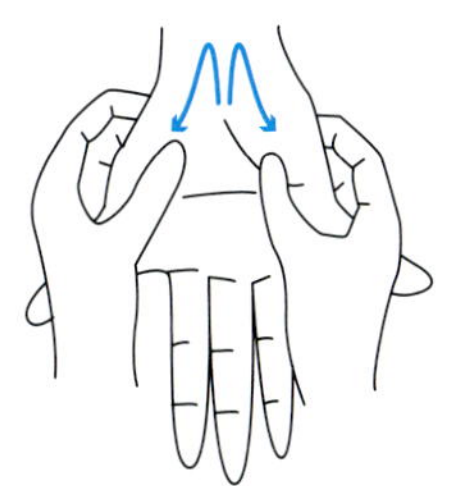

07. 마무리 트리트먼트

(1) 마무리 트리트먼트 I

1.	머리 정중선을 엄지 겹쳐서 지압한다. 머리 옆선을 따라서 지압해준다. 양손을 대추혈에 두고서 목을 들어 올리면서 후두부 지압한다. 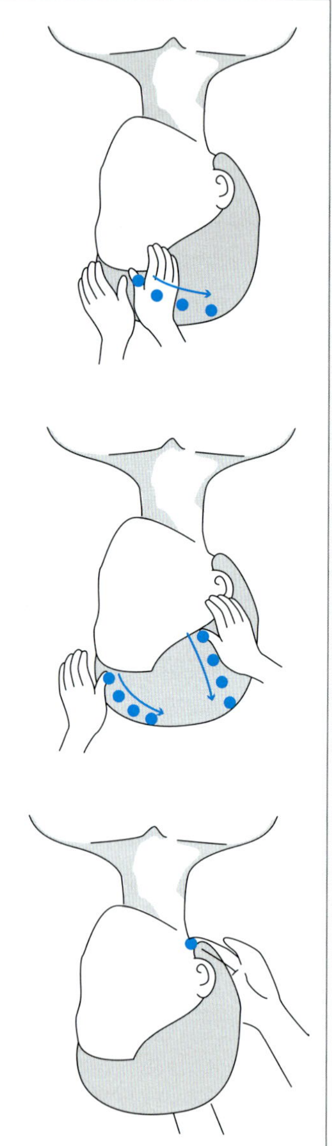

2.	귀 트리트먼트를 한다. 귀를 전체적으로 트리트먼트 한 후에 스트레칭 해주고 귀뒷면에 양손을 갖다대고 양손으로 귀를 감쌌다 풀었다를 3회 반복한다. 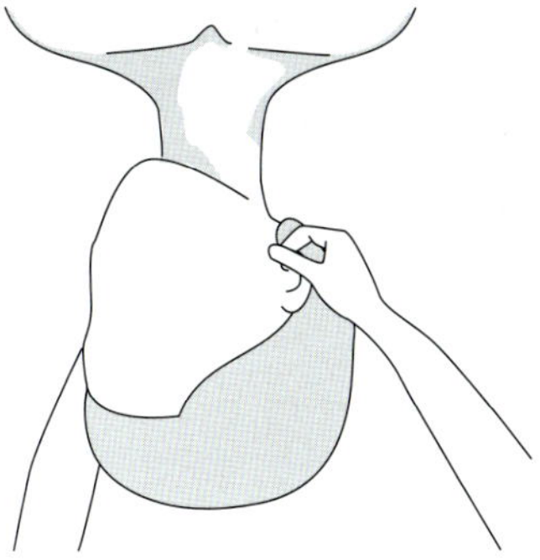 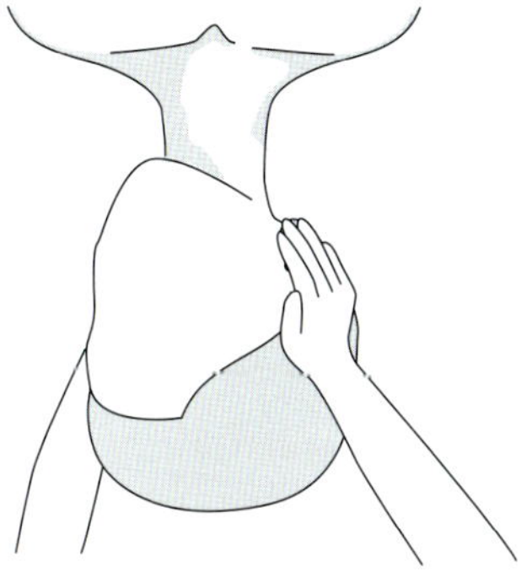
3.	머리카락 쥐고 가볍게 떨어내듯이 스트레칭한다. 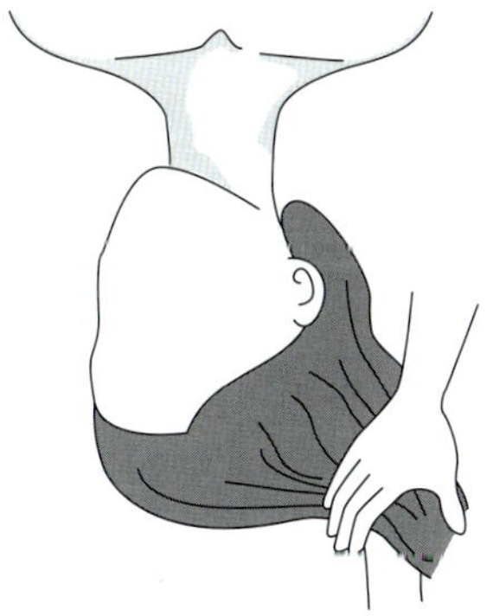

4.	고객에게 호흡을 시킨다.(가슴 중앙, 쇄골, 갈비뼈를 펌핑하면서 호흡을 같이 진행)
5.	팔을 들어 올려서 겨드랑이, 팔 윗부분 팔목을 지압한 후 팔을 위로 뻗게 하여 스트레칭 해준다.

(2) 마무리 트리트먼트 Ⅱ

1.	**발목과 종아리 이완** 양쪽다리를 가볍게 들어 양방향으로 흔들며 몸의 긴장을 풀어준다. 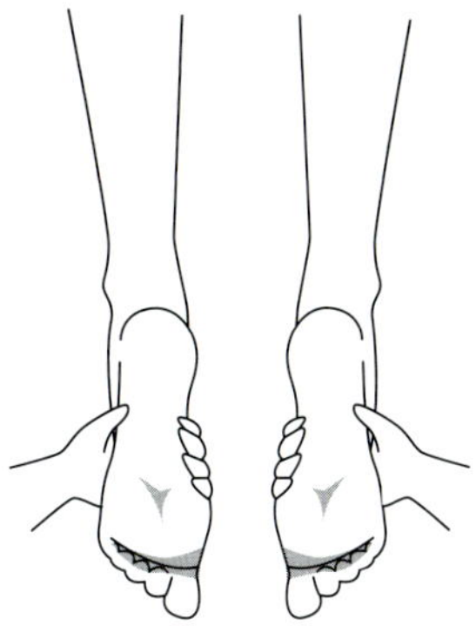
2.	발바닥을 손바닥으로 지그시 누르며 다리근육을 이완한다. 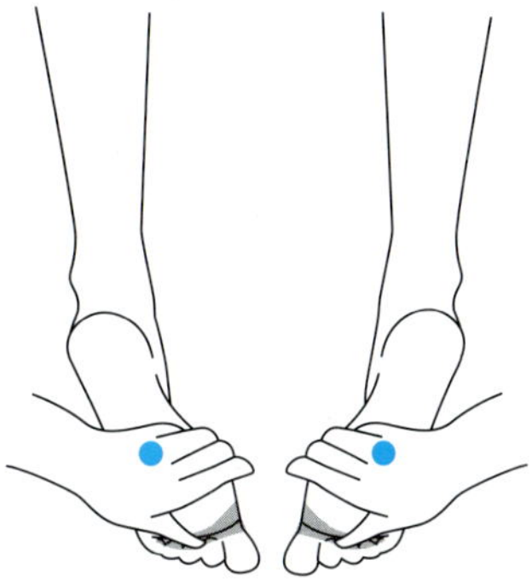
3.	뒤꿈치를 맞닿게 하여 스트레칭한다. 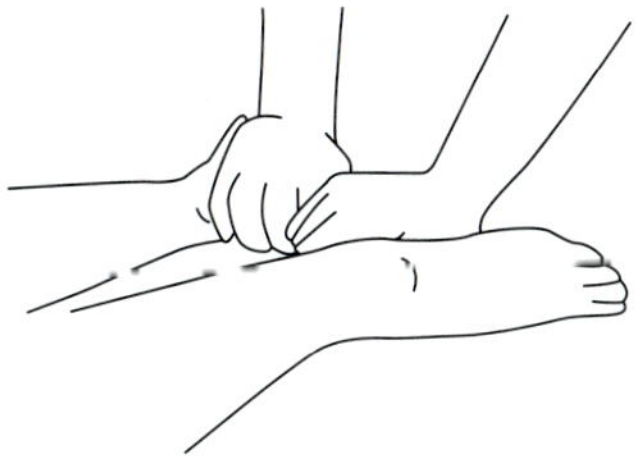

4.	다리를 접어 슬와에 손을 대고 누른다. 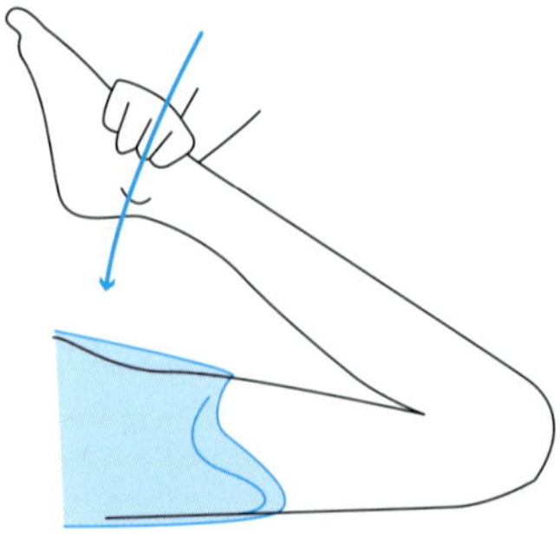
5.	**종아리 누르기** 손바닥을 비복근 중앙에 대고 체중을 실어 번갈아가며 지그시 누른다. 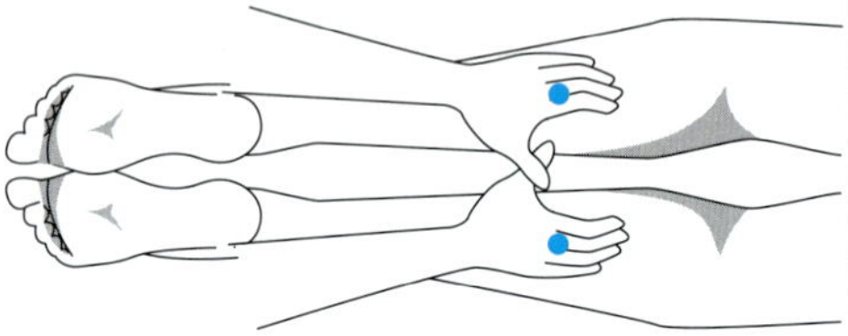
6.	왼쪽 대퇴, 엉덩이, 허리를 흔들며 이완시켜준다. 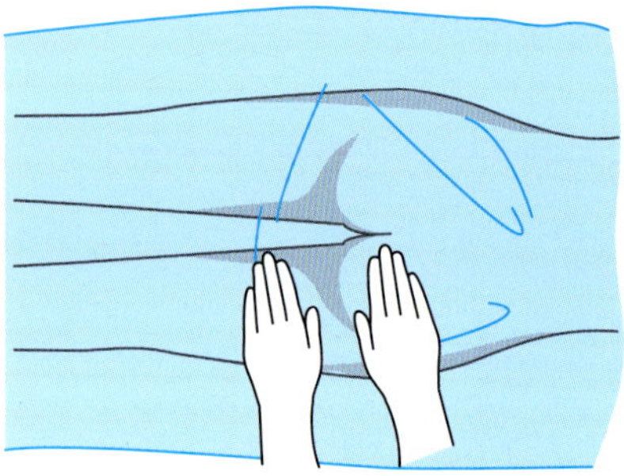
7.	**등, 경추 이완** 등을 대각선으로 스트레칭 하고, 경추를 지그시 문지르며 풀어준다. 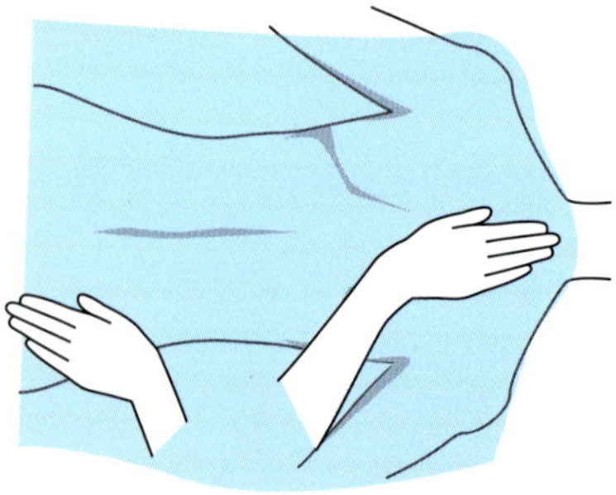

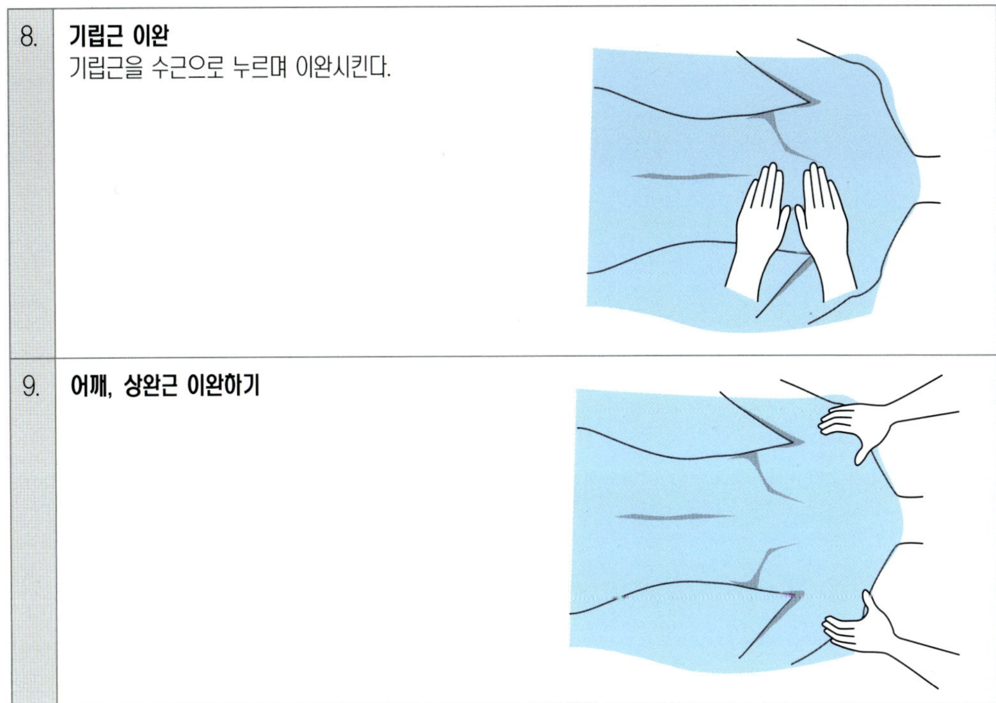

8.	**기립근 이완** 기립근을 수근으로 누르며 이완시킨다.	
9.	**어깨, 상완근 이완하기**	

참고문헌

- 카톨릭의과학대학 내과학교실. 임상진료치침. 군자출판사. 2015
- Adele O'Keefe. The official guide to body massage. Cengage Learning EMEA. 2006
- Francesca Gould. Body Massage for Holistic Therapists. Nelson Thornes. 2004
- Mitchel P. Goldman, Pier Antonio Bacci, Gustavo Leibaschoff, Doris Hexsel, Fabrizio Angelini. Cellulite:Pathophysiology and treatment. Taylor and Francis. 2006
- Steve Capellini. The complete spa book for massage therapists. Cengage Learning. 2010
- The complete body massage course: An introduction to the most popular massage therapies. nicola stewart pavilion books. 2010
- http://cengage.com
- https://www.doterra.com
- http://milady.cengage.com
- www.thecarltongroup.co.uk

저자약력

고 혜 정 교수
현) 수원여자대학 미용예술과

김 선 희 교수
현) 수원과학대학 뷰티코디네이션과

김 윤 정 교수
현) 명지전문대학 뷰티매니지먼트과

오 혜 영 교수
현) 서울종합예술실용학교 뷰티예술계열

홍 란 희 교수
현) 동서울대학 뷰티코디네이션과

홍 양 희 교수
현) 수원여자대학 미용예술과

홍 재 기 교수
현) 재능대학 뷰티케어과

Body treatment theory & practice

NCS기반 **전신 피부미용 이론 및 실습**

2017년 8월 28일 (1판 1쇄 발행) / 2022년 3월 11일 (개정판 1쇄 인쇄) / 2022년 3월 24일 (개정판 1쇄 발행)
지은이. 고혜정 · 김선희 · 김윤정 · 오혜영 · 홍란희 · 홍양희 · 홍재기
펴낸이. 고범석 | 펴낸곳. 가담플러스. 서울시 마포구 동교로 144-7 영일빌딩
등록. 2011년 8월 23일 제 2013-000043호
E-mail. gadambooks@naver.com
www.gadambooks.com

ISBN 979-11-86447-21-5 93590 가격 **20,000**원